Konrad Kleinknecht ist Professor für experimentelle Physik, er forschte am CERN in Genf und an den Universitäten in Heidelberg, Dortmund, Pasadena, Harvard, Mainz und München. Seine Arbeiten zur Physik der Elementarteilchen wurden mit zahlreichen Preisen ausgezeichnet, darunter dem Leibniz-Preis der DFG, dem Hochenergiepreis der Europäischen Physikalischen Gesellschaft und der Stern-Gerlach-Medaille der Deutschen Physikalischen Gesellschaft (DPG). Neben Forschungsarbeiten veröffentlichte er Bücher über die Asymmetrie zwischen Materie und Antimaterie, über Teilchendetektoren und über die deutsche Energiepolitik.

Konrad Kleinknecht

Einstein und Heisenberg

Begründer der modernen Physik

Verlag W. Kohlhammer

Dieses Werk einschließlich aller seiner Teile ist urheberrechtlich geschützt. Jede Verwendung außerhalb der engen Grenzen des Urheberrechts ist ohne Zustimmung des Verlags unzulässig und strafbar. Das gilt insbesondere für Vervielfältigungen, Übersetzungen, Mikroverfilmungen und für die Einspeicherung und Verarbeitung in elektronischen Systemen.

Die Wiedergabe von Warenbezeichnungen, Handelsnamen und sonstigen Kennzeichen in diesem Buch berechtigt nicht zu der Annahme, dass diese von jedermann frei benutzt werden dürfen. Vielmehr kann es sich auch dann um eingetragene Warenzeichen oder sonstige geschützte Kennzeichen handeln, wenn sie nicht eigens als solche gekennzeichnet sind.

Es konnten nicht alle Rechtsinhaber von Abbildungen ermittelt werden. Sollte dem Verlag gegenüber der Nachweis der Rechtsinhaberschaft geführt werden, wird das branchenübliche Honorar nachträglich gezahlt.

1. Auflage 2017

Alle Rechte vorbehalten
© W. Kohlhammer GmbH, Stuttgart
Gesamtherstellung: W. Kohlhammer GmbH, Stuttgart

Print:
ISBN 978-3-17-032385-8

E-Book-Formate:
pdf: ISBN 978-3-17-032386-5
epub: ISBN 978-3-17-032387-2
mobi: ISBN 978-3-17-032388-9

Für den Inhalt abgedruckter oder verlinkter Websites ist ausschließlich der jeweilige Betreiber verantwortlich. Die W. Kohlhammer GmbH hat keinen Einfluss auf die verknüpften Seiten und übernimmt hierfür keinerlei Haftung

Inhaltsverzeichnis

Vorwort		**7**
1	**Einsteins Jugend**	**9**
1.1	Der Friedhof von Buchau	9
1.2	Die Familie in Ulm und München	10
1.3	Schüler am Luitpold-Gymnasium München	14
1.4	Einstein in Aarau und Zürich	18
1.5	Experte im Berner Patentamt	21
2	**Heisenbergs Jugend**	**28**
2.1	Heisenbergs Herkunft	28
2.2	Schulzeit in Würzburg und München	30
2.3	Jugendbewegung	35
2.4	Studium bei Sommerfeld	36
2.5	Heisenberg in Göttingen und Kopenhagen	42
3	**Die Wunderjahre**	**48**
3.1	Die Ruhe vor dem Sturm der Gedanken	48
3.2	Einsteins annus mirabilis	51
3.3	Professor in Zürich, Prag und wieder Zürich	65
3.4	Die allgemeine Relativitätstheorie und Berlin	71
3.5	Heisenbergs Durchbruch zur Quantenmechanik	83
3.6	Die Vollendung der neuen Quantentheorie	94
4	**Auswirkungen der Entdeckungen**	**106**
4.1	Die Fünfte Solvay-Konferenz 1927	106
4.2	Wirkung der Allgemeinen Relativitätstheorie	110
4.3	Lehren und Fördern	121
4.4	Wirkungen der Quantenmechanik	129
5	**Vertreibung und Kriegsjahre**	**139**
5.1	Einstein und Deutschland	139

	5.2	Einsteins Pazifismus, die Bombe und der Franck-Report	146
	5.3	Heisenberg, die Kriegsjahre und der Uranverein	160

6 Wahlverwandtschaften — 173

7 Religion und die Ordnung der Wirklichkeit — 187

8 Die Rolle der Musik — 193

9 Die späten Jahre — 197

    9.1   Einstein – der Weltweise in Princeton und seine »einheitliche Feldtheorie«   197

    9.2   Heisenberg – der Regierungsberater in Göttingen und München, Wiederaufbau, Weltformel   200

    9.3   Die letzte Begegnung 1954   204

10 Glossar — 206

11 Literaturangaben — 213

12 Register — 215

Vorwort

Die Physik des 20. Jahrhunderts ruht auf zwei Fundamenten: Unser Ort im Universum, der Ursprung und die Entwicklung des Kosmos, die Bedeutung von Raum und Zeit wurden von Albert Einstein am Anfang des Jahrhunderts zu einem revolutionären neuen Bild zusammengefügt und mit der Relativitätstheorie mathematisch beschrieben. Damit sagte er eine Fülle von neuartigen Phänomenen im Kosmos vorher, die im Laufe der Zeit empirisch gefunden wurden: Lichtablenkung im Schwerefeld, schwarze Löcher, Zeitdehnung bei schnell bewegten Objekten, Gravitationswellen. Wenig später gelang es Werner Heisenberg zum ersten Mal, das Verhalten der kleinsten Bausteine der Materie zu erklären, indem er die Gesetze der klassischen Physik ebenfalls einer revolutionären Wandlung unterwarf. Mit seiner Quantenmechanik eröffnete er uns die Welt der mikroskopischen Bestandteile der Materie, der Atome, Atomkerne und Elementarteilchen. Sie ermöglicht auch die Beschreibung der physikalischen Eigenschaften von Molekülen, chemischen Verbindungen, Kristallen, Feststoffen und Halbleitern und ist so die Grundlage der heutigen Computertechnik. Heisenbergs Entdeckung der Unbestimmtheitsrelation hat weitreichende Konsequenzen für die Naturphilosophie und Erkenntnistheorie.

Beide großen Gelehrten wuchsen in München auf und gingen dort zur Schule, beide liebten die Musik. Bei allen Gemeinsamkeiten gibt es auch wesentliche Unterschiede in ihrer Denkweise: Einstein glaubte, eine physikalische Theorie müsse die Vorgänge genau nach den Regeln der Kausalität vorhersagen, Heisenberg dagegen schloss aus den Phänomenen im atomaren Bereich, dass die Theorie nur die möglichen Prozesse und deren Wahrscheinlichkeit beschreibt.

Einstein hat keine Autobiographie hinterlassen, er meinte, solche Bücher verdankten ihre Entstehung der Selbstliebe oder Gefühlen negativen Charakters gegen Mitmenschen. Deshalb müssen wir uns an seine Briefe und die Biographien halten. Besonders authentisch dürfte dabei die Lebensbeschreibung seines Freundes Philipp Frank sein, die in deutscher Sprache von 1939 bis 1941 in den USA geschrieben wurde, zu der Einstein 1942 ein Vorwort schrieb und die deshalb als autorisiert gelten kann. Einsteins Nachlass wird in der Hebräischen Universität Jerusalem aufbewahrt, seine gesammelten Schriften werden seit 1987 von der *Princeton University Press* in mehreren Bänden herausgegeben. Heisenberg dagegen hat mit seinem Werk *Der Teil und das Ganze* eine faszinierende Darstellung seines Lebens gegeben, die auch die wissenschaftlichen Durchbrüche beschreibt. Daneben sind zwei Bände erschienen, die seine Briefe an die Eltern und an seine Frau enthalten. Sein übriger Nachlass ist durch Vermittlung der Heisenberg-Gesellschaft in das Archiv der Max-Planck-Gesellschaft in Berlin verbracht worden, und die wissenschaftliche Korrespondenz mit seinem Freund Wolfgang Pauli liegt im Pauli-Archiv in Genf. Sein wissenschaftliches Werk und die Allgemeinverständlichen Schriften sind in der Gesamtausgabe bei den Verlagen Springer und Piper erschienen.

Für die Bereitstellung des Bildmaterials über Werner Heisenberg und für Gespäche über sein Verhältnis zur Musik danke ich Frau Barbara Blum-Heisenberg. Herr Professor Hans A. Kastrup machte mich auf den Brief Albert Einsteins über die Religion an den Schriftsteller und Philosophen Eric Gutkind aufmerksam. Herrn Dr. Daniel Kuhn danke ich für die Lektorierung des Buches und die Auswahl der Bilder und für die stets freundliche und konstruktive Zusammenarbeit.

München, April 2017
Konrad Kleinknecht

1 Einsteins Jugend

1.1 Der Friedhof von Buchau

Zwischen hohen alten Bäumen liegt der jüdische Friedhof der ehemaligen freien Reichsstadt Buchau im Herzogtum Württemberg. Seit dem Jahr 1659 begruben hier die Juden aus der Stadt und den umliegenden Gemeinden des schwäbischen Oberlandes ihre Toten. Mehr als 800 Grabsteine oder *Mazewot* stehen hier, bei den ältesten sind die Schriftzeichen verwittert, bei den jüngeren ab dem 18. Jahrhundert sind die Inschriften gut lesbar, das letzte Begräbnis fand 2003 statt. Buchau war neben dem benachbarten Laupheim eine der wenigen Reichsstädte, in der Juden vom 17. Jahrhundert an leben konnten, und sie war gesellschaftlich liberal. Deshalb zogen viele Juden aus der Umgebung nach Buchau. Bis zum Jahr 1760 hatte die Gemeinde noch keine Synagoge. Im Jahre 1828 wurden die Juden württembergische Staatsbürger mit allen Rechten und Pflichten. Um 1838 stellten sie ein Drittel der Bevölkerung von ca. 2000 Menschen in Buchau, das war die zweitgrößte jüdische Gemeinde in Württemberg.

Im Jahre 1838 wurde mit finanzieller Hilfe des württembergischen Königs Wilhelm und des Prinzen Maximilian von Thurn und Taxis eine neue Synagoge gebaut. Sie wurde in ganz Deutschland bekannt, weil sie als einzige einen Glockenturm nach dem Beispiel der umliegenden Barock-Kirchen wie der katholischen Wallfahrtskirche Steinhausen hatte.

Der erste Bürger Buchaus mit dem Namen Einstein war Baruch Moses Ainstein, der 1665 in die Stadt aufgenommen wurde. Auf dem Friedhof nennen Dutzende Grabschriften Mitglieder der Familie Einstein, 99 aus der Familie sind hier begraben. Auch der zweite Bürgermeister nach 1946, Siegbert Einstein, ein Großneffe Albert Einsteins, ist hier bestattet.

Grabsteine im jüdischen Friedhof von Buchau

Einsteins Vater Hermann wurde am 30. August 1847 als eines der sieben Kinder von Abraham und Helene Einstein in Buchau geboren. Nach Abschluss der Schule zog er 1869 mit seinen Brüdern nach Ulm. Er handelte mit Bettfedern und betrieb später dieses Unternehmen zusammen mit seinen Partnern Israel und Levi in Ulm. Im August 1876 heiratete er in Cannstatt seine Frau Pauline, Tochter des Getreidehändlers und königlich-württembergischen Hoflieferanten Julius Koch. Das Ehepaar zog nach der Hochzeit in die Bahnhofstraße in Ulm.

1.2 Die Familie in Ulm und München

Am 14. März 1879 wurde Albert Einstein in der Bahnhofstrasse in Ulm geboren. Seine Mutter vermerkte besorgt, er habe einen eckigen großen Hinterkopf. Erst mit zweieinhalb Jahren begann er zu sprechen, in einer Kinderkrippe heutzutage wäre er ein Exot. 33 Jahre später hatte sich die Schweigsamkeit ins

1.2 Die Familie in Ulm und München

Gegenteil verkehrt, der Physiker Max von Laue warnte einen Kollegen vor der ersten Begegnung mit Einstein mit den Worten: »Pass auf, dass Einstein dich nicht zu Tode redet. Er tut das nämlich gern.«

Der Vater Hermann war eine beschauliche Natur, ein gutherziger Mann, der keine Bitte abschlagen konnte, der aber auch nicht sehr geschäftstüchtig war. Die Mutter Pauline, geb. Koch, aus wohlhabendem Hause in Cannstatt bei Stuttgart, war humorvoll, musikalisch und spielte sehr gut Klavier.

Hermann und Pauline Einstein

Zweieinhalb Jahre nach Albert, im November 1881, wurde seine Schwester Maria, genannt Maja, geboren, mit der er zeitlebens innig verbunden war. Sie hat später in einer Biographie Erlebnisse aus ihrer Kinderzeit beschrieben. Dabei ist ihr an ihrem Bruder insbesondere seine ausdauernde Geduld aufgefallen, mit der er alleine an seinen »Projekten« arbeitete. Aus Anker-Steinbaukästen konnte er Schlösser und Burgen bauen, aus Sperrholz mit der Laubsäge Figuren ausarbeiten, mit Karten hohe instabile Gebäude aufbauen. Dicke Bretter zu bohren war auch später in der Physik einer seiner Wesenszüge.

Albert Einstein mit seiner Schwester Maria (Maja) 1885

Wenn man in der Verwandtschaft Albert Einsteins nach speziellen mathematisch-physikalischen Begabungen sucht, findet man seinen Onkel Jakob (1850–1912). Hermann Einsteins jüngerer Bruder hatte in Stuttgart an der Polytechnischen Schule Elektrotechnik studiert und dabei die gerade von James Maxwell entdeckten Gesetze der Elektrodynamik, die »Maxwell'schen Gleichungen«, kennengelernt. In ihrer endgültigen Form wurden sie 1864 formuliert. Jakob diente im 1870er Krieg als Ingenieuroffizier. Nach dem Krieg entschloss er sich, mit Hilfe seiner Kenntnisse eine Firma zum Bau von Generatoren von Gleichstrom und Elektromotoren in München zu gründen. Er selbst entwarf seine Maschinen und ließ sie in der Werkstatt bauen.

Jakob überredete seinen Bruder Hermann, sich an der Firma zu beteiligen und als kaufmännischer Leiter einzutreten.

1.2 Die Familie in Ulm und München

Hermann ging darauf ein und zog im Juni 1880 nach München um, zunächst in die Müllerstraße 3, wo Jakob sein Geschäft und seine Wohnung hatte. Die Elektrotechnische Fabrik J. Einstein & Cie. bot die »Ausführung elektrischer Kraftübertragungsanlagen« sowie die »Ausführung elektrischer Beleuchtungsanlagen, Fabrikation von Dynamo-Maschinen für Beleuchtung, Kraftübertragung und Elektrolyse« an und hatte damit Erfolg. Die von Oskar von Miller, dem späteren Gründer des Deutschen Museums, organisierte *Internationale Electricitäts-Ausstellung* 1882 im Glaspalast in München brachte die neue Technik in das Zentrum des Interesses. Die Firma Einstein & Cie. zeigte ihre Dynamos und auch eine Telefonzentrale. 1885 kauften die Einsteins ein neues Betriebsgelände in der Lindwurmstraße, sie wohnten in der Adlzreiterstraße 14, die heute eine Gedenktafel trägt. Die ganze Großfamilie war in dem Haus versammelt, Familie Hermann und Pauline mit Albert und Maria in der Bel-Etage, Onkel Jakob und Paulines Vater Julius Koch im Erdgeschoß. Die beiden alleinstehenden Männer speisten mit der Familie Alberts, und natürlich sprach dabei Onkel Jakob über sein Arbeitsgebiet, die Elektrodynamik und deren Anwendungen. Albert war wahrscheinlich der einzige 15-jährige Schüler in Deutschland, dem die Maxwell'schen Gleichungen beim Mittagstisch ständige Begleiter waren. Die merkwürdige Tatsache, dass in diesen Gleichungen eine Zahl c auftaucht, die Lichtgeschwindigkeit, muss ihm schon damals aufgefallen sein. Alberts großes Interesse galt der Mathematik, bei der man die Richtigkeit von Aussagen selbst nachprüfen konnte. Ein kleines Büchlein mit den Sätzen der Euklidischen Geometrie war ihm heilig. Ein weiteres einschneidendes Erlebnis war für ihn ein Kompass, den ihm sein Vater zeigte. Die Kraft, die die Kompassnadel in die nördliche Richtung dreht, faszinierte den Jungen. Dieses geheimnisvolle Phänomen wollte er verstehen.

Zunächst aber ging Albert ab 1885 in die katholische Sankt-Peters-Volksschule, in der ein strenges Regiment herrschte. Der Drill behagte ihm gar nicht, da er auf Fragen nicht auswendig Gelerntes wiedergeben, sondern selbst nachdenken wollte. Er war der Primus der Klasse, und seine Intelligenz verschaffte ihm Respekt. Als einziger Jude in der Klasse nahm er am ka-

Das Wohnhaus der Familie Einstein in der Adlzreiterstraße in München.

tholischen Religionsunterricht teil und lernte die biblischen Geschichten des Alten und Neuen Testaments kennen.

1.3 Schüler am Luitpold-Gymnasium München

Im Oktober 1888 trat Albert in das Luitpold-Gymnasium ein. Klassenkameraden waren u. a. Robert Kaulbach, ein Mitglied der berühmten Malerfamilie, und Paul Marc, der ältere Bruder von Franz Marc. Franz Marc wurde mit der Gründung des *Blauen Reiters* zusammen mit Wassily Kandinsky ein Revolutionär in der Malerei wie Einstein in der Physik. Im humanistischen Luitpold-Gymnasium war Einstein ein hervorragender Schüler, der insbesondere in Mathematik glänzte.

1.3 Schüler am Luitpold-Gymnasium München

Gymnasiast Albert Einstein in München mit 14 Jahren

Jede Art von Autorität war ihm zuwider, mechanisches Auswendiglernen von lateinischen und griechischen Vokabeln hasste er. Wenn aber dann die Inhalte der antiken Kultur mit Hilfe der Sprache vermittelt wurden, war er begeistert dabei. Am meisten imponierte ihm sein Lehrer Rueß, der die antiken Ideen und deren Wirkungen auf die deutsche Kultur lebendig vermitteln konnte. Dabei kamen wohl auch die Vorstellungen der griechischen Philosophen über die Natur und ihre Spekulationen über Symmetrien und mathematische Gesetzmäßigkeiten zur Sprache, die Einsteins künstlerischer Natur entgegenkamen. Deshalb hatte Albert in den alten Sprachen immer gute oder sogar sehr gute Noten. Der Lehrer Rueß unterrichtete auch deutsche Literatur, davon ist bei Einstein am stärksten die Lektüre von Goethes *Hermann und Dorothea* in Erinnerung geblieben. Aber auch Schillers Dramen mit ihren idealistischen Helden hatten ihren Stellenwert.

Einsteins Ablehnung jeglicher Art von Autorität führte zu einem gespannten Verhältnis zu manchen Lehrern. Auch hatte er die Eigenart, die Lehrer seine intellektuelle Überlegenheit spüren zu lassen. Später beim Studium am Eidgenössischen Polytechnikum verhielt er sich ähnlich. Einer seiner Professoren dort sagte zu ihm: »Sie sind ein gescheiter Junge, Einstein, ein ganz gescheiter Junge. Aber Sie haben einen großen Fehler. Sie lassen sich nichts sagen.«

Seine Skepsis gegen Autoritäten speiste sich auch aus der Erkenntnis, dass die religiösen Wahrheiten in der Bibel bei näherer Betrachtung der naturwissenschaftlichen Zusammenhänge »nicht stimmen konnten«. Im bayerischen Gymnasium war Religionsunterricht Pflicht, es gab das Schulfach »Israelitische Religionslehre«, an dem er teilnahm. Dieses Mal war er nicht nur unbeteiligter Zuhörer, wie im katholischen Religionsunterricht in der Volksschule, sondern regulärer Teilnehmer. Obwohl Einsteins Eltern die Traditionen des Judentums nicht praktizierten, wurde er hier in den Talmud und das Alte Testament eingeführt, so wie vorher in der Volksschule in das Neue Testament. Die Schüler mussten natürlich am Gottesdienst in der Synagoge teilnehmen. Einstein empfand das als Zwang und formale Routine. Mit zwölf Jahren las er populärwissenschaftliche Bücher, z. B. die *Naturwissenschaftlichen Volksbücher* von Aaron Bernstein. Dabei kam ihm der Widerspruch zwischen den biblischen Geschichten und der Wissenschaft zum Bewusstsein. Er wurde zum Freigeist. Seine Folgerung aus dieser Erkenntnis war: Wenn die Jugend bei der religiösen Erziehung absichtlich belogen wird, sind vielleicht auch die Wahrheiten in den Schulbüchern falsch. Sein Misstrauen gegen jede Art Autorität wurde bestätigt. Er überlegte sogar, nach dem Gymnasium aus der jüdischen Religionsgemeinschaft auszutreten, was er dann aber erst später verwirklichte.

Einen wesentlichen Einfluss auf Einstein hatte sein Onkel Jakob, der ja mit der Familie im selben Haus wohnte. Er stellte Albert mathematische Aufgaben, mit der Bemerkung, sie seien zu schwer für den Jungen. Natürlich löste Albert sie trotzdem. Als der Onkel den Satz des Pythagoras erwähnte, setzte der 12 jährige Albert seinen Ehrgeiz darein, einen Beweis zu finden. Er brauchte dazu drei Wochen, aber er blieb dabei, bis er eine Lösung gefunden hatte.

Auch in der Musik setzte er diese geduldige Energie ein, sobald ihn der Inhalt der Stücke innerlich ergriff. Während in den ersten Jahren des Geigenspiels die technischen Voraussetzungen für die Beherrschung des Instruments geschaffen werden müssen, sind die zu übenden Etüden oft langweilig und musikalisch unergiebig. Dazu hatte Albert wenig Lust. Sobald aber die großen Werke in sein Blickfeld kamen, stieg sein Interesse, und er bemühte sich, sich die technischen Hilfsmittel anzueignen, die nötig waren, um die von ihm geliebten Violinsonaten von Mozart zu spielen. Seine Liebe zur Musik blieb sein Leben lang erhalten.

Derweil machte die Elektrizitätsgesellschaft J. Einstein & Cie. gute Geschäfte. Albert ging gelegentlich durch die Fabrik und lernte so die Anwendung der Theorie des Elektromagnetismus kennen. Als er dort auf ein Problem in der Fertigung aufmerksam wurde, über das der Onkel Jakob tagelang ohne Erfolg nachgedacht hatte, fand er die Lösung in kurzer Zeit, zum Stolze seines Onkels.

Um ihre Firma bekannt zu machen, legten die Einsteins zum Oktoberfest 1885 eine Leitung von ihrer Fabrik in der Lindwurmstraße zur Theresienwiese. Mit dem Strom aus den Einstein'schen Dynamos wurden die Festzelte beleuchtet, daneben wurden auch noch Petroleumlampen verwendet. Wegen eines durch eine solche Lampe verursachten Brandes beim Oktoberfest 1887 wurde die Beleuchtung der Zelte 1888 ganz auf Elektrizität umgestellt, die Firma Einstein bekam den Auftrag. Im selben Jahr wurde die Umstellung der Straßenbeleuchtung des Münchner Stadtteils Schwabing von Gas auf Elektrizität ausgeschrieben, und wieder erhielt die Firma Einstein den Zuschlag. Mit großem Pomp wurde die neue Beleuchtung im Februar 1889 eingeweiht. Die Festveranstaltung endete mit einem Feuerwerk, Raketen und Böllern, Jakob Einstein übergab die Anlage der Stadt München.

Zu dieser Zeit beschäftigte die Firma Einstein 200 Arbeiter, die Familie wurde wohlhabend. Aber schon in den nächsten Jahren traten mächtige Konkurrenten auf den Plan, darunter Schuckert & Co. in Nürnberg, AEG und Siemens & Halske, die die Wechselstromtechnik verwendeten. Im Jahre 1892 wurde dann die gesamte Münchner Straßenbeleuchtung ausgeschrieben, alle Konkurrenten gaben Angebote ab. Das günstigste Angebot von Schuckert bekam den Zuschlag, J. Einstein & Cie. lag im Preis weit darüber.

Nach diesem Misserfolg musste die Firma Einstein viele Mitarbeiter entlassen, die Konkurrenz übernahm die lukrativen Aufträge. Hermann und Jakob Einstein entschlossen sich im Sommer 1894, ihre Firma zu liquidieren und in Italien neu anzufangen, wo Verwandte aus ihrer Familie lebten. Sie eröffneten eine ähnliche Firma in Pavia.

Nachdem die Eltern nach Italien umgezogen waren, sollte Albert allein in München bleiben und das Abitur als Voraussetzung für ein Studium ablegen. Er kam im Herbst in die 7. Klasse (heute 11. Klasse) des Gymnasiums. Da er mit dem Klassenleiter nicht zurechtkam und die mechanischen Lernmethoden ihm unerträglich schienen, reifte in ihm der Entschluss, die Schule zu verlassen. Ein Motiv kann dabei auch gewesen sein, dass es nach dem 16. Lebensjahr schwieriger geworden wäre, die deutsche bzw. württembergische Staatsangehörigkeit abzugeben und den Militärdienst zu vermeiden. Albert beschaffte sich also von einem befreundeten Arzt ein Zeugnis, das ihm eine Nervenzerrüttung bescheinigte. Deswegen sei ein halbjähriger Erholungsurlaub bei seinen Eltern in Italien ärztlich geboten. Da er wusste, dass er einen Abschluss brauchen würde, ließ er sich von seinem Mathematiklehrer eine Bescheinigung geben, in der ihm außergewöhnliche Kenntnisse in Mathematik attestiert wurden, die ihn zur Aufnahme in einem anderen Gymnasium befähigten. Das Ausscheiden aus dem Luitpold-Gymnasium war dann überraschend leicht, denn sein Verhalten provozierte im Dezember 1894 einen Eklat: der Lehrer forderte Albert auf, die Schule zu verlassen, weil seine bloße Anwesenheit den Respekt in der Klasse verderbe. Am 29. Dezember 1894 verließ er die Schule und reiste zu seinen Eltern nach Italien.

1.4 Einstein in Aarau und Zürich

Nach seiner Flucht aus München im Dezember 1894 reiste Einstein zu seiner Familie und genoss ein halbes Jahr das Leben in Italien. Er erklärte seinem Vater, dass er die württembergische Staatsangehörigkeit abgeben wolle und trat aus der jüdischen Religionsgemeinschaft aus. Er hatte im Sommer 1895 keine genauen Vorstellungen, wie es weitergehen sollte. Zwischenzeitlich überlegte er, in die Firma seines Vaters einzutreten. Diese Idee gab er auf, als sich das Unternehmen seines Vaters weder in Pavia noch in Mailand positiv entwickelte. Es wurde ihm nun klar, dass er seine berufliche Zukunft planen musste. Er hoffte, an dem Eidgenössischen Polytechnikum in Zürich, einer der besten technischen Hochschulen in Europa, ein Studium beginnen zu können. Sein Vater sprach mit einem in Zürich lebenden Freund, und der wandte sich persönlich an den Direktor des Polytechnikums. Dieser erlaubte Albert, an der Aufnahmeprüfung für das Studium des Lehramts für Mathematik und Physik teilzunehmen. Bei der Prüfung glänzte Albert in den mathematischen und naturwissenschaftlichen Fächern, aber seine Kenntnisse in den modernen Sprachen, in Literaturgeschichte, Zoologie und Botanik waren nicht ausreichend. Er wurde nicht aufgenommen.

Nun war guter Rat teuer. Der kam vom Direktor des Polytechnikums, Albin Herzog. Er war der Meinung, auch Wunderkinder müssten Abitur machen, und empfahl dafür die Kantonsschule in Aarau. Dieses Gymnasium war sehr gut ausgestattet mit Physik- und Chemielabor, einer zoologischen Sammlung und geographischem Anschauungsmaterial, sogar ein Mikroskop war vorhanden. Einstein hatte das Glück, als Pensionsgast in das Haus eines Lehrers, des Professors Jost Winteler, der Griechisch und Geschichte unterrichtete, aufgenommen zu werden. Winteler betreute ihn, machte Ausflüge ins Gebirge mit ihm und seinen beiden Kindern, und mit ihm führte Einstein viele Gespräche über die Politik in der demokratischen Schweiz im Vergleich zum wilhelminischen Deutschland.

Nach einem knappen Jahr legte Einstein an der Kantonsschule das Abitur ab. Im September 1896 folgte auf die schriftlichen Prüfungen der mündliche Teil der Matura. In einem französischen Aufsatz über *Mes projets d'avenir* (Meine zukünftigen Projekte) gibt der 17-jährige an, er wolle Physik und Mathematik studieren und Professor in theoretischer Physik werden. Während der Zeit in Aarau hat er sich also von dem auch vom Vater gewünschten Berufsziel eines Ingenieurs – nach Vorbild des Onkels Jakob – abgewandt und seine wahre Neigung zur theoretischen Betrachtung der Natur entdeckt.

Sein Maturitätszeugnis war das Beste seiner Klasse. In den beiden mathematischen Fächern Geometrie und Algebra hatte er die Bestnote 6, in Physik 5–6. Die von der deutschen abweichende Notengebung hat später zu mancher Verwirrung in deutschen Berichten geführt, Einstein sei ein schlechter Schüler gewesen. Es mag für schlechte Schüler ein tröstlicher Gedanke gewesen sein, das berühmte Genie sei ein Schulversager gewesen, aber das Gegenteil ist richtig.

Während der Aarauer Zeit hatte sich ein besonders inniges Verhältnis zu der Tochter des Lehrers Winteler, Marie, entwickelt. Sie war zwei Jahre älter und liebte Albert schwärmerisch. Aber sobald Einstein das schweizerische Reifezeugnis in der Tasche hatte, war sein Ziel das Polytechnikum in Zürich. Dort begann er im Oktober 1896 sein Studium, musste sich darauf konzentrieren und konnte keine Ablenkung brauchen. Das Studium beanspruchte seine volle »geistige Anstrengung«, er floh vor den möglichen Verwicklungen und vermied weitere Besuche in Aarau. Die Verbindung zur Familie Winteler blieb aber erhalten, auch weil Alberts Schwester Maja später den jüngsten Sohn Winteler heiratete.

Das Polytechnikum in Zürich war die einzige von der Schweizer Bundesregierung finanzierte Hochschule, im Gegensatz zu den von den Kantonen unterhaltenen Universitäten. In dem von Gottfried Semper aus Dresden entworfenen Prachtbau residiert noch heute die Eidgenössische Technische Hochschule (ETH). Einstein schrieb sich für den Studiengang »Fachlehrer mathematischer und naturwissenschaftlicher Richtung« ein. Unter dem Dutzend Studenten dieser Ausrichtung war eine junge Frau, die Serbin Mileva Marić.

Für die Vorlesung des Professors Heinrich Friedrich Weber über Wärmelehre interessierte sich Einstein sehr, dagegen überhaupt nicht für das »Physikalische Praktikum für Anfänger«, in dem die Grundzüge der Experimentalphysik vermittelt wurden. Hier erhielt er einen Verweis »wegen Unfleiß« und die schlechteste Note 1. Auch die mathematische Ausbildung vernachlässigte er, weil er dachte, sein Wissen genüge. Deshalb musste er später bei der Formulierung seiner theoretischen Arbeiten oft die Hilfe von Mathematikern in Anspruch nehmen.

Beim Studium war Mileva bald mehr als eine verständnisvolle Kommilitonin. Sie teilte seine wissenschaftlichen Interessen, und so brach er den Kontakt zu Marie Winteler in Aarau ab. Mileva studierte ein Semester in Heidelberg. In seinen

Mileva Marić 1900 in Zürich

Briefen bestärkte er sie darin, zurückzukommen: er sei sehr erfreut über ihre Absicht, wieder hier weiter zu studieren, und er gebe ihr ganz selbstlos den Rat, möglichst bald hierher zu kommen. Nach ihrer Rückkehr setzten die beiden ihr Privatstudium fort, erst im letzten Studienjahr benutzten sie das vertrauliche »Du«, er nannte sie Doxerl, sich selbst Johonserl. Die beiden Diplomarbeiten bei Professor Weber hatten das Thema »Wärmeleitung« und waren für Albert »ohne irgendwelches Interesse«. Bei der Prüfung kam Einstein auf einen Notendurchschnitt von 4,91 oder genügend, Mileva schrieb in Funktionentheorie eine 2,5 oder ungenügend und erhielt das Diplom nicht. Sie musste die Prüfungen im folgenden Jahr wiederholen, bestand sie aber auch dann nicht.

1.5 Experte im Berner Patentamt

Nach seinem Lehrerexamen am Polytechnikum in Zürich im Juli 1900 hoffte Einstein, eine Assistentenstelle am Lehrstuhl seines Professors Heinrich Friedrich Weber zu bekommen. Für ihn stand fest, dass er Mileva heiraten wollte, sodass sich die Frage nach dem Lebensunterhalt stellte. Ihm schwebte eine Hochschullaufbahn in der Schweiz vor, und er konnte annehmen, dass die schweizerische Staatsangehörigkeit dabei ein Vorteil sein könnte. Er war ja staatenlos, seit er seine württembergische und deutsche Staatsangehörigkeit aufgegeben hatte. Also sparte er die Summe von 600 Franken an, die nötig war, um einen Antrag auf die Schweizer Staatsangehörigkeit zu stellen. Die Einbürgerungskommission der Stadt Zürich war vorwiegend an den finanziellen Verhältnissen des Kandidaten interessiert. Nachdem er die Summe vorweisen konnte und auch die Kantonsbehörden zugestimmt hatten, wurde er im Februar 1901 Bürger der Stadt Zürich und Schweizer. Zwar wurde er nach seiner Einbürgerung gemustert, aber wegen Krampfadern, Plattfüßen und Fußschweiß für untauglich erklärt. Dadurch blieb ihm der militärische Drill erspart, vor dem er aus Deutschland geflohen war. So konnte auch das positive Bild der demokratischen Schweiz unangetastet bleiben, das ihm sein Aarauer Lehrer Winteler vermittelt hatte. Doch seinem Wesen und seiner Sprache nach blieb er Schwabe.

Die erhoffte Assistentenstelle bei Professor Weber bekam Albert nicht, auch die Bewerbungen, die er an viele europäische Institute schickte, hatten keinen Erfolg. Er bewarb sich bei Friedrich Wilhelm Ostwald in Leipzig und bei Heike Kammerling Onnes in Leiden, ohne eine Antwort zu erhalten. Er war ja bisher in der akademischen Welt völlig unbekannt und hatte noch nicht einmal promoviert. – Bemerkenswerter Weise war Ostwald später, im Jahre 1910, der erste, der Einstein für den Nobelpreis vorschlug. – So musste sich Einstein um Stellen als Lehrer bewerben. Die erste kurze Anstellung fand er 1901 als Hilfslehrer an einem Gymnasium in Winterthur. Im Herbst ergab sich dann die Möglichkeit, eine Stelle als Privatlehrer in Diensten eines Mathematiklehrers an einem Gymnasium in Schaffhausen am Rhein anzunehmen. Er sollte als Nachhilfelehrer einen Schüler auf die Matura vorbereiten. Die Tätigkeit ließ ihm genügend Zeit, um in zwei Monaten eine Dissertation über kinetische Gastheorie zu verfassen, die er bei der Universität Zürich einreichte. Sie wurde nicht angenommen. Am Polytechnikum konnte er die Arbeit nicht einreichen, weil diese Hochschule das Recht zur Promotion noch nicht hatte.

Während dieser Zeit blieb seine Freundin Mileva zunächst in Zürich, kehrte aber im Juli 1901 zu ihren Eltern in dem serbischen Novi Sad (Neusatz), das zu Österreich-Ungarn gehörte, zurück. Sie war von Albert schwanger geworden und hatte das Diplom-Examen auch im zweiten Versuch nicht bestanden. Außerdem wusste sie, dass Alberts Eltern sie als Schwiegertochter ablehnten. Sie schrieben sogar an Milevas Eltern, dass sie die Heirat nicht wünschten. Im Oktober besuchte Mileva Albert in Schaffhausen, wohnte aber in einem Hotel in Stein am Rhein, um kein Aufsehen zu erregen. Nach zwei Wochen reiste sie zurück nach Novi Sad und brachte im Januar 1902 die gemeinsame Tochter zur Welt. Albert schrieb ihr im Februar und erkundigte sich nach dem Kind. Er hatte inzwischen von seinem Studienfreund Marcel Grossmann erfahren, dass er sich um eine Beamtenstelle am Eidgenössischen Amt für geistiges Eigentum, dem Patentamt in Bern bewerben könne. Grossmann vermittelte ein Gespräch mit dem Direktor des Amtes, Friedrich Haller. Danach schickte Einstein seine Bewerbung ein und war sich ziemlich sicher, dass er die Stelle bekommen würde. Er kündigte in Schaffhausen »mit einem Knalleffekt« und zog nach Bern um. In dieser Situation wollte er nicht, dass Mileva das Kind bei ihrer Rückkehr in die Schweiz mitbrachte, er fürchtete wohl, ein uneheliches Kind könnte seine Bewerbung um die Beamtenstelle am Patentamt gefährden. Außerdem war es nach dem damaligen Züricher Zivilrecht nur möglich, das uneheliche Kind durch ein förmliches Adoptionsverfahren anzuerkennen, was Aufsehen erregt hätte. Also blieb das Kind, das seine Eltern Lieserl nannten, in Novi Sad. Seit dem Sommer 1903 sind keine Briefe erhalten, in denen von ihr die Rede wäre. Sie wurde systematisch verschwiegen, Einstein hat zeitlebens nie mehr von ihr gesprochen. Ihr weiteres Schicksal ist umstritten. Möglicherweise wurde sie nach Deutschland gebracht und dort von einem Ehepaar Gießler adoptiert, und hat bis 1980 als Marta Zolg, geb. Gießler, in Bietingen bei Konstanz gelebt.

Im Juni 1902 war endlich Einsteins Anstellung beim Patentamt vom Bundesrat beschlossen worden. Die Beamtenstelle am Patentamt in Bern sagte Einstein viel besser zu als die Tätigkeit als Lehrer, weil sie ihm neben der Arbeit als Patentprüfer viel freie Zeit für seine eigenen Forschungsinteressen ließ. Auch fiel ihm die Arbeit am Patentamt leicht, da er schon als Schüler in München im väterlichen Unternehmen Einstein & Cie. die technischen Details von elektromagnetischen Generatoren und Motoren kennengelernt hatte. Einstein beurteilte die Arbeit bei der Bewertung der Patentanträge als ungemein abwechslungsreich, sie gebe ihm viel zu denken. In einer erhaltenen Expertise lehnt er einen Patentantrag der AEG Berlin für eine Wechselstromkollektormaschine ab, weil der Anspruch inkorrekt, ungenau und unklar redigiert sei.

Einstein im Patentamt Bern 1905

Die Heirat mit Mileva gestaltete sich als schwierig. Einsteins Mutter Pauline schrieb an eine Freundin: »läge es in meiner Macht, ich würde alles aufbieten, sie aus unserem Gesichtskreis zu bannen, sie ist mir förmlich antipathisch«. Auch Vater Hermann war gegen die Hochzeit. Erst auf dem Sterbebett in Herbst 1902 in Mailand gab er endlich die Erlaubnis zur Heirat. Im Januar 1903 fand die Hochzeit statt, ohne Beteiligung der beiden Familien. Dadurch wurde Mileva Schweizerin, während die Tochter »Lieserl« (oder Marta) Marić zunächst österreichisch-ungarische Staatsangehörige blieb. 1904 wurde in Bern der ältere Sohn Hans Albert geboren, 1910 folgte in Zürich der zweite Sohn Eduard.

Die Verdrängung der Tochter aus ihrem Leben, die wohl auf Alberts Betreiben zurückging, hat die Ehe der beiden von Anfang an belastet, wie der Sohn Hans Albert später einem Journalisten gegenüber andeutete. Hans Albert wusste zwar nichts von seiner Schwester, aber seine Mutter habe ihm erzählt, es sei etwas zwischen den beiden vorgefallen, an dem Albert die Schuld habe.

Schon vor Antritt der Stelle am Patentamt hatte Einstein in Bern zwei Freunde gefunden, mit denen er philosophische, naturwissenschaftliche und literarische Texte lesen und diskutieren konnte. Der eine war ein rumänischer Philosophiestudent, Maurice Solovine, der andere ein Schweizer Mathematikstudent, Conrad Habicht. Die drei gründeten die *Akademie Olympia*, einen Lesezirkel, zu dem sie sich regelmäßig bei Tee und Wurst-und Käsebrot trafen und gemeinsam diskutierten. Sie lasen philosophische Werke mit einem Bezug zu naturwissenschaftlichen Themen, wie etwa von David Hume, Immanuel Kant, Ernst Mach und Henri Poincaré, aber auch »zur Erbauung« rein philosophische Schriften von Arthur Schopenhauer und Friedrich Nietzsche. Von Schopenhauer, der die »Weiber« als »zeitlebens große Kinder« bezeichnete, während der Mann »der eigentliche Mensch« sei, könnte Einsteins Frauenbild geprägt worden sein.

An David Hume, dem Vertreter der englischen Aufklärung, schätzte Einstein die Auffassung, dass naturwissenschaftliche Erkenntnisse auf der Erfahrung beruhen und dass sie mathematisch beschrieben werden können. Hume kritisierte die Methode der Induktion, bei der man von Einzelfällen auf ein allgemeines Gesetz schließt. Er lehrte, dass die Beobachtungen nur zeigen, welche Vorgänge regelmäßig ablaufen, wenn bestimmte

Bedingungen erfüllt sind, dass wir darüber hinaus aber nicht auf eine Verursachung schließen können.

Auch der Philosoph Ernst Mach beeindruckte die Lesegruppe der *Akademie Olympia* mit seinem Positivismus. Er stellte einige grundlegende Begriffe der Newton'schen Mechanik auf den Prüfstand und fand, dass es keine empirische Begründung für solche Vorstellungen wie den »absoluten Raum« und die »absolute Zeit« gebe. Hier findet sich ein Ansatzpunkt für Einsteins spätere Erkenntnis, dass alle relativ zueinander gleichförmig bewegten Bezugssysteme gleichberechtigt sind.

An Immanuel Kant überzeugte Einstein die Rolle, die er der menschlichen Vernunft zuschrieb. Allerdings lehnte er die Kant'sche Vorstellung ab, dass die Vernunft Gesetze erkennen könne, die »a priori« und für alle Zeiten gelten. Hier fehlte offenbar der Bezug zur Empirie, den die Positivisten als Grundlage der Naturerkenntnis sahen.

Albert und Mileva Einstein in Bern 1905

Die Zeit am Patentamt in Bern war eine glückliche Zeit für Einstein. Mileva kümmerte sich um die kleine Familie mit dem Sohn Hans Albert, Einstein fand Befriedigung bei der Tätigkeit als Patentprüfer, die ihm ein sorgloses Leben ermöglichte. Ein praktischer Beruf, schrieb er später im Rückblick, sei für Menschen seiner Art ein Segen. Menschen mit tieferen wissenschaftlichen Interessen könnten sich neben ihrer Pflichtarbeit in ihre Lieblingsprobleme versenken. Die freie Zeit, die er neben der Arbeit am Patentamt hatte, nutzte Einstein, um im Alleingang die Welt der Physik umzustürzen.

2 Heisenbergs Jugend

2.1 Heisenbergs Herkunft

Heisenbergs Eltern kamen aus ganz verschiedenen Gegenden. Der Großvater Wilhelm August Heisenberg stammte aus einer westfälischen Handwerkerfamilie. Seine Vorfahren waren Branntweinbrenner und Böttchermeister in Detmold und Osnabrück, er selbst betrieb eine Schlosserwerkstatt in Osnabrück und engagierte sich sozial als Armenpfleger. August Heisenberg, der Vater von Werner, wurde 1869 in Osnabrück geboren. Er besuchte die Bürgerschule und das Realgymnasium und brach dann mit der Tradition der Handwerkerfamilie, indem er ab 1888 an der Universität Marburg studierte. Er schwankte zunächst zwischen Philosophie und Theologie, bis ihm der Theologe Adolf von Harnack zum Studium der Philosophie riet. Wegen seiner Liebe zur Musik wechselte er an die Münchner Universität, wo durch die Bekanntschaft mit Karl Krumbacher sein Interesse an der altgriechischen Kultur geweckt wurde. Nach seinem Lehrerexamen kam er in das pädagogische Praktikum am Maximilians-Gymnasium und lernte seinen zukünftigen Schwiegervater Nikolaus Wecklein kennen. Nach seiner Assistentenzeit in Landau in der bayerischen Pfalz, beim Militärdienst in Osnabrück und als Lehrer am Münchner Maximiliansgymnasium trat er seine erste Studienlehrerstelle in Lindau am Bodensee an, nachdem er sich vorher mit der ältesten Tochter Weckleins verlobt hatte. Er muss ein sehr lustiger, unternehmender Mann gewesen sein, dem das Unterrichten Spaß machte und der mit seiner pädagogischen Begabung großen Erfolg bei den Schülern hatte. Doch sein wissenschaftliches Interesse bewog ihn, sich um das bayerische Archäologische Staatsstipendium zu bewerben. Er hatte damit Erfolg und verbrachte

2.1 Heisenbergs Herkunft

1898 und 1899 in Italien und Griechenland. Er kam zurück an das Luitpold-Gymnasium in München mit dem Entschluss, seine »Kraft fortan der Erforschung der griechischen und neugriechischen Kultur zu widmen« und heiratete 1899 Anna Wecklein. Der Sohn Erwin wurde im März 1900 geboren, sein jüngerer Bruder Werner im Dezember 1901. Im Jahr 1901 wurde August Heisenberg an ein Gymnasium nach Würzburg versetzt. Dort unterrichtete er Latein, Deutsch und Geographie. Daneben forschte er weiter in seinem zweiten Beruf, der Byzantinistik, hielt Vorlesungen an der Universität und publizierte 50 wissenschaftliche Arbeiten.

Bei der parallelen Arbeit für die Schule half ihm seine Frau Anna. Sie lernte Russisch, um ihrem Mann durch die Übersetzung russischer Quellen zur Byzantinistik zu helfen. Annie, wie sie in der Familie genannt wurde, wandte dem jüngeren Sohn Werner ihre ganze Fürsorge zu, der Vater favorisierte den älteren Erwin. Vom Vater hat Werner die unermüdliche Schaffenskraft und den Optimismus geerbt.

August Heisenberg forschte über byzantinische Kultur und Kunst in der Türkei. Schließlich erhielt er in München den Lehrstuhl für Byzantinistik. Er starb schon 1930 an Malaria, die er sich auf seinen Reisen zugezogen hatte.

Während August Heisenberg als temperamentvoll beschrieben wird, war seine Frau Annie eine eher ruhige, ausgleichende Person. In der mütterlichen Familie Wecklein gab es Händler, Bauern, Pfarrer, Künstler und Akademiker. Darunter war auch der Violinvirtuose August Zeising. Dessen Sohn Adolf nahm an der 1848er Revolution teil und wurde später Mitglied der Bayerischen Akademie der Wissenschaften. Seine Tochter Magdalena heiratete den Altphilologen Nikolaus Wecklein (geb. 1843). Wecklein promovierte 1865 über die griechischen Sophisten. Nach einigen Jahren Schuldienst am Ludwigs-und Maximilians-Gymnasium in München habilitierte er sich 1869 mit einer Abhandlung über griechische Inschriften. Nach einigen Zwischenstationen in Bamberg und Passau wurde er schließlich Rektor des Maximilians-Gymnasiums in München und geheimer Hofrat. In seiner Schule wuchsen seine Enkel Erwin und Werner Heisenberg auf.

Heisenbergs Mutter Annie lebte als Witwe in München und während des Zweiten Weltkrieges überwiegend in Urfeld. Sie war eine gescheite und gebildete Frau, auch wenn sie nicht studiert hatte. Es heißt, sie habe die Latein- und Griechischarbeiten der Schüler ihres Mannes korrigiert und auch die Studien ihres Mannes eng verfolgt. Sie schrieb Gedichte und erfand Geschichten für ihre Enkelkinder. Das Verhältnis zu ihrem Sohn Werner blieb zeitlebens eng. Im Frühjahr 1946 starb sie in Bad Tölz.

Werner behauptete von sich, er habe das ruhigere Temperament seiner Mutter geerbt. Den »westfälischen Dickschädel« verdankte er aber wohl seinem Vater. Seine Frau Elisabeth mokierte sich später gerne über ihn mit dem Spruch: »Hupen nutzlos, bin Westfale«.

2.2 Schulzeit in Würzburg und München

Die Familie Heisenberg wanderte gerne an den Wochenenden in den Weinbergen und Wäldern um Würzburg mit anschließender Einkehr im Wirtshaus. Auch wurden die Großeltern in Osnabrück und München besucht. Im Herbst 1907 kam Werner in die Volksschule in Würzburg. Nur über ein Vorkommnis wird berichtet. Als er in der ersten Klasse vom Lehrer mit dem Stock so geschlagen wurde, dass die Hände anschwollen, verweigerte er fortan diesem Lehrer die Mitarbeit und zog sich zurück. Diese Reaktion auf falsche Beschuldigungen blieb ein Wesensmerkmal Werners auch in seinem späteren Leben.

Drei Jahre später zog die Familie nach München um, weil der Vater August dem Ruf auf den Lehrstuhl für Byzantinistik an der Münchner Universität folgte, der dort für seinen Vorgänger Krumbacher von den philhellenischen bayerischen Königen eingerichtet worden war. Das bedeutete den Übergang aus einer kleinen Stadt in ländlicher Umgebung in die sich zur Großstadt entwickelnde Metropole Bayerns. Es fehlten der Wald und die hügelige Wanderlandschaft. Das Eingesperrtsein in der Etagenwohnung empfand Werner als Verlust.

2.2 Schulzeit in Würzburg und München

Familie August und Annie Heisenberg mit den Söhnen Erwin und Werner bei einer Wanderung nahe Würzburg 1907

Werner (links) und Erwin bei ihrem Großvater Wilhelm Heisenberg in Osnabrück 1906

Das Verhältnis zum Bruder Erwin war spannungsreich, da beide ehrgeizig waren. Der Vater lenkte die Konkurrenz in intellektuelle Bahnen, indem er die Buben zu spielerischem Wettkampf bei mathematischen Aufgaben herausforderte. Dabei merkte Werner, dass er in dieser Disziplin schneller war als sein älterer Bruder und entwickelte von da an ein besonderes Interesse an der Mathematik. Der Vater förderte auch die musikalische Ausbildung beider Söhne, Erwin lernte geigen, Werner zunächst Cello, dann Klavier. Schon mit 13 Jahren konnte Werner vom Blatt spielen, seinen Vater bei Liedern begleiten und bei häuslicher Kammermusik den Klavierpart übernehmen. Klaviertrio und Sonaten standen auf dem Programm. Werner erwog sogar, Berufsmusiker zu werden.

Nikolaus Wecklein mit seinen Enkeln Erwin und Werner 1915

Im Herbst 1911 trat er, ein Jahr nach seinem Bruder, in das Maximilians-Gymnasium in Schwabing ein, dessen Direktor sein Großvater Wecklein war. Er war von Anfang an ein hervorragender Schüler. In einem Zeugnis heißt es:

> »Er hat seine trefflichen Leistungen mit spielerischer Leichtigkeit erzielt; sie haben ihm keine Kraftanstrengungen gekostet [...] Er ist auch ordentlich selbstbewusst und möchte immer glänzen.«

2.2 Schulzeit in Würzburg und München

Besonders erwähnt werden schon in der dritten (siebten) Klasse beachtenswerte physikalische Kenntnisse. Sein Interesse scheint es gewesen zu sein, mit kleinen Maschinen umzugehen und sie selbst zu bauen.

Ein besonderes Erweckungserlebnis war für Werner der Gedanke des Mathematiklehrers Wolff, dass man über geometrische Gebilde wie Dreiecke und Vierecke allgemeingültige Sätze aufstellen kann, und »dass man bestimmte Ergebnisse nicht nur an Figuren erkennen und ablesen, sondern auch mathematisch beweisen« kann.

> »Diesen Gedanken, dass die Mathematik in irgendeiner Weise zu den Gebilden unserer Erfahrung passt, empfand ich als außerordentlich merkwürdig. Ich probierte die Verwendung der Mathematik selbst aus, und ich empfand dieses Spiel zwischen Mathematik und unmittelbarer Anschauung als mindestens ebenso interessant wie die meisten anderen Spiele [...] Später fing ich an, aus Göschen-Bändchen und ähnlichen etwas primitiven Lehrbüchern die Mathematik zu lernen, die man zur Beschreibung der physikalischen Gesetze braucht, also vor allem Differential-und Integralrechnung«.

Auf Wunsch Werners besorgte der Vater aus der Universitätsbibliothek die zahlentheoretische Doktorarbeit von Leopold Kronecker – in lateinischer Sprache. Darüber schrieb Werner eine kleine Arbeit.

Die Parallele dieses außerschulischen Selbststudiums Heisenbergs zu dem »heiligen Geometriebüchlein« Einsteins, seinen Unterhaltungen mit dem Ingenieur Onkel Jakob und seiner Lektüre populärwissenschaftlicher Bücher drängt sich hier auf.

Der Ausbruch des ersten Weltkrieges unterbrach die idyllische Zeit. Heisenberg schreibt:

> »Als mein Vater mit der Nachricht von der Kriegserklärung in unser Zimmer trat, schloss ich aus den Mienen meiner Eltern, dass ein Unglück allerschlimmster Art eingetreten sei, das nicht nur uns, sondern alle Menschen betreffe.«

Im letzten Kriegsjahr arbeitete Werner vier Monate mit einer Gruppe gleichaltriger Jungen auf einem Viehhof bei Miesbach bei der Heuernte und beim Holzhacken.

Das neue Schuljahr begann mit dem Waffenstillstand der kaiserlichen Truppen und der Abdankung des Kaisers am 9. November 1918. In Bayern richtete die Linke nach der Ermordung des unabhängigen Sozialisten Kurt Eisner eine Räterepublik nach russischem Vorbild ein. Auf den »roten Terror« folgte alsbald der »weiße Terror«, als die Reichswehr und das Freikorps des Ritters Franz von Epp die Stadt erobert hatte. Werner diente einige Wochen bei einer Kavallerieabteilung, die in einem Priesterseminar gegenüber der Universität Quartier genommen hatte. Um sich wieder auf die Schule vorzubereiten, zog er sich mit der griechischen Ausgabe der Platonischen Dialoge auf das Dach des Priesterseminars zurück und las den Timaios-Dialog, in dem von den kleinsten Teilchen der Materie gesprochen wird. Die Idee von Platon war es, die kleinsten Teilchen seien die regulären geometrischen Körper, die vier Elemente seien aus solchen Körpern zusammengesetzt: die Erde aus Würfeln, das Feuer aus Tetraedern oder Vierflachs, die Luft aus Oktaedern oder Achtflachs und das Wasser aus Ikosaedern oder Zwanzigflachs. Das kam dem Schüler doch sehr absurd vor, dass ausgerechnet die regelmäßigen Körper der Geometrie die grundlegenden Elemente sein sollten. Außerdem gab es ja fünf dieser regelmäßigen symmetrischen Körper, und man musste mit Aristoteles annehmen, dass es entsprechend dem regelmäßigen Dodekaeder (mit zwölf Flächen) ein fünftes Element geben sollte, den durchsichtigen Äther. Allerdings beeindruckte dieser Gedanke Heisenberg so, dass er noch Jahrzehnte später kleine Papiermodelle der regelmäßigen platonischen Körper auf seinem Schreibtisch stehen hatte.

Im Gymnasium ging es nun auf das Abitur zu, neue Fächer kamen hinzu: zu den alten Sprachen kam das Französische, und zur Mathematik die Physik mit den klassischen Teilen Mechanik, Elektrizität und Magnetismus, Wärmelehre und Optik. Die im Schulbuch gezeigten Moleküle, bei denen die Atome mit Häkchen verbunden waren, amüsierten Werner. Das konnte ja noch weniger der Realität entsprechen als Platons Vorstellungen.

Heisenberg war der unbestrittene Primus der Klasse und trotzdem bescheiden und zurückhaltend, und das blieb so bis zum Abitur, das er im Sommer des Jahres 1920 ablegte. In der

Beurteilung heißt es: »Auf dem Gebiet der Mathematik und Physik gehen seine Kenntnisse über den Rahmen der Schule nicht unbeträchtlich hinaus«. Aber auch in fast allen anderen Fächern, darunter den drei Sprachen Lateinisch, Griechisch und Französisch und in Geschichte und Turnen bekam er ein »sehr gut«. Das einzige »gut« beurteilte Fach war die deutsche Sprache bzw. der deutsche Aufsatz.

Aufgrund des hervorragenden Abiturs wurde Heisenberg in die bayerische Stiftung Maximilianeum für besonders begabte Studenten aufgenommen.

2.3 Jugendbewegung

Die aus dem »Wandervogel« und den »Pfadfindern« (*Boy Scouts*) im ersten Drittel des 20. Jahrhunderts entstandene Jugendbewegung zog nach dem Ende des Ersten Weltkriegs einen großen Teil der Jugend an. Nach dem Untergang des Kaiserreichs wollte eine neue Generation die alten Formen sprengen und sich neue Wertmaßstäbe bilden – Hinwendung zur Natur als Gegensatz zum städtischen Leben und zur Industrialisierung, Musik, Schauspiel, Kunsthandwerk. Auch neue Formen der Erziehung wollten die jungen Leute ausprobieren. Heisenberg hatte sich schon als Schüler an Pfadfindergruppen beteiligt, später engagierte er sich in der Erwachsenenbildung an der Volkshochschule, er gab als Primaner und als Student dort astronomische und musikalische Kurse. Er schloss sich der Jugendbewegung an. In Bayern entstand der *Bayerische Pfadfinderbund* und *Jung-Bayern e. V., Bayerischer Landesverband zur Pflege der Jugendertüchtigung*. Heisenberg wurde Anführer einer kleinen Gruppe, die sich trafen und zusammen Wanderungen und andere Unternehmungen planten. Man übernachtete in Zelten oder in den ersten Jugendherbergen, die damals entstanden. Im August 1919 fand auf Schloss Prunn im Altmühltal ein erster deutscher Pfadfindertag statt, zu dem die Gruppe Heisenberg per Bahn und zu Fuß reiste. Schüler, Studenten und junge Kriegsheimkehrer hatten sich hier versammelt. Lebhaft wurde diskutiert, ob die Jugend sich das Recht nehmen dürfe, ihr Leben selbst und nach eigenen Wertmaßstäben zu gestalten. Besonders beeindruckt war Heisenberg von dem Erlebnis, wie nach den Diskussionen mitten in der Nacht Stille eintrat und ein Geiger vom Balkon des Schlosshofs die *Chaconne* von Bach spielte.

Die Jugendbewegung war eine überwiegend männliche Gemeinschaft, das entsprach auch damals dem getrennten Unterricht an den Schulen. Die Freundschaft in solch einer Gruppe hielt ein Leben lang an. Aber sie bewirkte auch, dass die Mitglieder der Gruppe spät oder nie heirateten.

Die romantische Stimmung der Pfadfinder kam in dem Gedicht Stefan Georges zum Ausdruck:

> Wer je die flamme umschritt,
> Bleibe der flamme trabant!
> Wie er auch wandert und kreist:
> Wo noch ihr schein ihn erreicht
> Irrt er zu weit nicht vom ziel.
> Nur wenn sein blick sie verlor
> Eigner schimmer ihn trügt:
> Fehlt ihm der mitte gesetz
> Treibt er zerstiebend ins all.

Das Gedicht beschreibt nicht nur die Stimmung am Lagerfeuer, sondern auch die Suche nach einer Mitte, die die Welt zusammenhält. Das entsprach Heisenbergs Überzeugung.

2.4 Studium bei Sommerfeld

Nach seiner Dienstzeit als Erntehelfer auf einem Bauernhof in Miesbach und den revolutionären Unruhen der Nachkriegszeit begann Heisenberg im Herbst 1920 mit dem Studium an der Ludwig-Maximilians-Universität München. Seine Lektüre der Einstein'schen Darstellung der Relativitätstheorie und des Buches von Hermann Weyl über *Raum, Zeit, Materie* beschäftigte und beunruhigte ihn so sehr, dass er beschloss, Mathematik zu studieren, um die dort entwickelten mathematischen Methoden und das dahinter liegende Gedankengebäude zu verstehen. Er glaubte, seine im Selbststudium erworbenen mathematischen Kenntnisse seien ausreichend, um am Seminar des berühmten Mathematikers Lindemann teilnehmen zu dürfen – so wie Ein-

2.4 Studium bei Sommerfeld

stein geglaubt hatte, ohne Abitur zum Studium am Eidgenössischen Polytechnikum zugelassen zu werden. Bei einem Vorstellungsgespräch reagierte Lindemann auf den unbescheidenen Wunsch des zukünftigen Studenten gereizt – die Seminarteilnahme stand eigentlich nur fortgeschrittenen Studenten offen. Als Heisenberg seine Lektüre des Buches von Weyl erwähnte, war Lindemanns Geduld erschöpft: dann sei er für die Mathematik schon verdorben.

Heisenberg beschloss, das Fach zu wechseln und die theoretische Physik zu wählen. Sein Lehrer wurde der theoretische Physiker Arnold Sommerfeld, der ihn beim Vorstellungsgespräch freundlich und mit Wohlwollen empfing. Sommerfeld galt international als einer der führenden Wissenschaftler auf dem Gebiet der Theorie der kleinsten Bestandteile der Elemente, der Atome. Weyls Buch sei für ihn als Anfänger viel zu schwierig, er solle besser mit bescheidener, sorgfältiger Arbeit in der traditionellen Physik anfangen.

Arnold Sommerfeld 1920

Neben dem Studium der klassischen Physik interessierten sich der Student Werner und sein ein Jahr älterer, aus Wien stammender Kommilitone Wolfgang Pauli brennend für die aktuellen Fragestellungen der Relativitätstheorie und der Atomphysik. Schon in den ersten Semestern beschäftigten sich die beiden Studenten mit den neuesten Entwicklungen. Als Heisenberg Pauli fragte, ob Relativitätstheorie oder Atomtheorie wichtiger sei, meinte Pauli, die Spezielle Relativitätstheorie sei abgeschlossen und für jemanden, der Neues entdecken will, nicht mehr interessant. Die allgemeine Relativitätstheorie dagegen sei noch nicht abgeschlossen, auf 100 Seiten Theorie komme nur ein Experiment, sodass man noch nicht wisse, ob sie richtig sei. Er finde die Atomphysik im Grunde viel interessanter, weil es da eine Fülle von ungelösten Problemen gebe.

Wolfgang Pauli 1918

Den Stoff der traditionellen klassischen Physik bewältigten die beiden Studenten mit spielerischer Leichtigkeit, soweit es die

Theoretische Physik betraf. Weniger engagiert absolvierten sie die experimentellen Vorlesungen und Praktika. Natürlich fiel Sommerfeld auf, was für Talente er da in seinen Vorlesungen hatte. Allerdings war nur Heisenberg regelmäßig da, Pauli liebte es, bis spät in die Nacht in Cafés und Bars zu sitzen und konnte deshalb an Vorlesungen zu früher Stunde nicht teilnehmen. Er bat den Professor, doch bitte die in der Vorlesung zuletzt beschriebene Schiefertafel nicht abzuwischen, sondern die Formeln stehen zu lassen. Er könne dann gegen Mittag kommen, und mit dem Inhalt der letzten Tafel werde er alles Vorhergehende verstehen. So geschah es.

Sommerfeld wusste genau, wie begabt Pauli war. Als er gebeten wurde, einen zusammenfassenden Artikel über Einsteins Relativitätstheorie für eine renommierte Zeitschrift – die *Encyklopädie der Mathematischen Wissenschaften* – zu schreiben, war er mit seinen eigenen Forschungsprojekten zu beschäftigt. So gab er die Aufgabe an den 20-jährigen Pauli weiter. Dieser verfasste in kurzer Zeit einen Artikel, der als Gesamtdarstellung der Speziellen und Allgemeinen Relativitätstheorie angelegt war und in dieser Funktion sofort eine bis heute vielzitierte Standardreferenz wurde. Paulis Aufsatz von 1921 gilt heute noch als eine der besten Darstellungen dieser Theorie, auf deren Grundlage wir heute Raum und Zeit verstehen. Einstein schrieb darüber voll des Lobes:

> »Man weiß nicht, was man am meisten bewundern soll, das psychologische Verständnis für die Ideenentwicklung, die Sicherheit der mathematischen Deduktion, den tiefen physikalischen Blick, das Vermögen übersichtlicher systematischer Darstellung, die Literaturkenntnis, die sachliche Vollständigkeit, die Sicherheit der Kritik«.

Pauli promovierte über das ihm von Sommerfeld gestellte Thema, das Ion des Wasserstoffmoleküls.

Heisenberg arbeitete an verschiedenen Problemen der Atomtheorie, aber für die Dissertation hatte Sommerfeld andere Pläne. Er war der Auffassung, vor der Beschäftigung mit dem aktuellen Thema der Atomphysik müsse ein Student ein anderes Problem aus der klassischen Physik lösen. Vielleicht berücksichtigte er auch, dass der Mitprüfer für experimentelle Physik, Professor *Willy Wien*, den theoretischen Atommodellen kritisch gegenüberstand. Jedenfalls stellte Sommerfeld Heisenberg die Aufgabe, die hydrodynamischen Verhältnisse der Strömung von Flüssigkeiten zu klären. Dabei geht es darum, zu berechnen, bei welcher Strömungsgeschwindigkeit eine gleichförmige, langsame »laminare« Strömung in einer Rohrleitung in eine turbulente Strömung übergeht. Da Sommerfeld im Winter 1922/23 in den USA lehrte, schickte er Heisenberg für diese Zeit nach Göttingen, wo er bei Max Born und Richard Courant physikalische und mathematische Vorlesungen hörte, am Courant'schen Seminar einen Vortrag hielt und an seiner Dissertation arbeitete. Im Frühjahr 1923 kam Heisenberg nach München zurück und konzentrierte sich auf die Ausarbeitung seiner Doktorarbeit, an der er vorher nur mit Unterbrechungen gearbeitet hatte. Im April schloss er die Arbeit mit dem Titel *Über die Stabilität und Turbulenz von Flüssigkeitsströmen* ab und reichte sie bei der Fakultät ein. In der Arbeit behandelt er die beiden Strömungsarten und zeigt, wie der Übergang zwischen ihnen durch die sogenannten Reynold'schen Zahlen charakterisiert werden kann.

Die freie Zeit danach benutzte er, um seine mangelnden experimentellen Fähigkeiten im Hinblick auf die Prüfung zu verbessern, indem er im physikalischen Praktikum für Fortgeschrittene einen Versuch zur Messung der Aufspaltung der Spektrallinien von Quecksilberdampf im Magnetfeld durchführte. Dieses Phänomen wurde nach seinem Entdecker »Zeeman-Effekt« genannt.

Die mündliche Doktorprüfung, das Examen Rigorosum, fand am 23. Juli 1923 statt. Während die Prüfungen in Mathematik und Astronomie sehr gut bzw. gut verliefen, rächte sich bei der Prüfung in Experimentalphysik das mangelnde Interesse des Studenten während des Studiums. Er konnte einfache Fragen zum Auflösungsvermögen des Mikroskops und zur Funktion des Bleiakkumulators nicht beantworten. Willy Wien war so verärgert, dass er den Kandidaten durchfallen lassen wollte. Nur die energische Verteidigung durch Sommerfeld rettete Heisenberg. Sommerfeld hatte die Dissertation als ausgezeichnet bewertet, hielt Heisenberg für genial begabt, bezeichnete ihn als seinen begabtesten Schüler einschließlich Pauli und Debye und erwartete von ihm »Ungeheures«. Die beiden Physiker ei-

2.4 Studium bei Sommerfeld

nigten sich auf die Note III, *cum laude*, und dies war auch die Gesamtnote, ein für Heisenberg deprimierendes Ergebnis.

Sommerfeld hatte eine kleine Nachfeier in seinem Hause arrangiert, aber Heisenberg war so niedergeschlagen, dass er noch in der Nacht den Zug nach Göttingen nahm. Am nächsten Morgen tauchte er bei Max Born auf und fragte, ob er ihn nach dieser missratenen Prüfung noch als Assistenten haben wolle. Born fragte nach den Details der Prüfungsfragen von Professor Wien, sah aber keinen Grund, Heisenberg fortzuschicken, da er keinen Moment an seinen hervorragenden Fähigkeiten zweifelte.

Vor dem Beginn des Wintersemesters in Göttingen besuchte Heisenberg im September 1923 noch die Tagung der Naturforscher und Ärzte in Leipzig, bei der er zum ersten Mal den bereits weltberühmten Einstein über die Relativitätstheorie hören wollte. Schon beim Betreten des Konferenzsaals drückte ihm ein junger Mann einen Zettel in die Hand, auf dem vor Einstein und seiner Relativitätstheorie gewarnt wurde. Der Text stammte von Philipp Lenard, dem berühmten Nobelpreisträger aus Heidelberg, der die Kathodenstrahlen entdeckt hatte. Heisenberg kannte den Handbuchartikel seines Freundes Pauli über die Relativitätstheorie, er wusste auch, dass die empirischen Befunde die Theorie stützten. Für ihn war Einsteins Theorie ein in sich geschlossener etablierter Teil der zukünftigen Physik. Er konnte nicht verstehen, wie ein bekannter Professor die Theorie so unsachlich mit »böser politischer Leidenschaft« angreifen konnte. Der Saal war brechend voll, und von den hinteren Reihen konnte man den Redner nicht genau sehen. Heisenberg war so verwirrt von diesem Pamphlet, dass er gar nicht bemerkte, dass der folgende Vortrag gar nicht von Einstein, sondern an dessen Stelle von Max von Laue gehalten wurde. Einstein hatte wegen des sich ausbreitenden Antisemitismus abgesagt.

Die erste Begegnung zwischen Heisenberg und Einstein fand erst drei Jahre später im April 1926 in Berlin statt, als Heisenberg dort über seine Quantenmechanik vortrug.

2.5 Heisenberg in Göttingen und Kopenhagen

Der erste Besuch Heisenbergs in Göttingen von München aus hatte den Vorträgen von Niels Bohr im Juni 1922, den »Bohr-Festspielen« gegolten. Während drei Wochen hielt Bohr eine Vorlesungsserie über das Thema *Quantentheorie der Atome und das Periodensystem der Elemente*. In einer der Vorlesungen sprach Bohr auch über ein Problem der Atomphysik, den sog. »Quadratischen Stark-Effekt«, das der Student Heisenberg kannte. Er widersprach der Meinung von Bohr, die Rechnung seines Assistenten Kramers zu diesem Problem sei richtig und stimme mit den Experimenten überein. Bohr war beeindruckt und lud den Studenten zu einem Spaziergang auf dem Hainberg ein. Dabei diskutierten sie über die grundlegenden physikalischen und philosophischen Probleme der modernen Atomtheorie. Heisenberg bemerkte, dass Bohrs Verständnis der Struktur der Theorie nicht auf einer mathematischen Analyse beruhte, sondern auf der intensiven Beschäftigung mit den tatsächlichen Erscheinungen. Seine Ergebnisse habe er durch Einfühlen und Erraten bekommen, nicht durch mathematische Ableitungen. Heisenberg war sehr beeindruckt von Bohrs Fähigkeit, »die Beziehungen eher intuitiv zu erfassen als formal abzuleiten.« Bohr sei in erster Linie ein Philosoph, nicht ein Physiker. Er übe nur positive Kritik, anerkenne mit Vergnügen andere. Heisenberg hoffte, bald nach Kopenhagen eingeladen zu werden. Heisenberg wusste nicht, dass der Mathematiker Richard Courant an Bohr geschrieben hatte, der junge Heisenberg sei ein wirklich in jeder Beziehung hervorragender Junge, auch menschlich äußerst angenehm, nicht nur sehr ideenreich und voller Kenntnisse und Fähigkeiten, sondern auch in der Lage die Gedanken zu formulieren und glänzende Vorträge darüber zu halten. Er komme für Bohr als Hilfsassistent in Frage. Die Einladung ließ aber auf sich warten.

Während des Wintersemesters 1922/23 in Göttingen fand Heisenberg neben der Beschäftigung mit seiner hydrodynamischen Doktorarbeit Zeit, sich mit der Frage zu beschäftigen, wie man das nach dem Wasserstoff einfachste Atom, das Helium mit zwei Elektronen, innerhalb des Bohr-Sommerfeld'-

schen Rahmens berechnen könne. In seinem Modell arbeitete er aber im Gegensatz zu Bohr mit halbzahligen Quantenzahlen, das schien zu den experimentellen Daten besser zu passen als Bohrs Modell, war aber inkompatibel mit den Bohr'schen Postulaten. Mit Born zusammen versuchte er dann, die Quantenzustände dieses Atoms mit zwei Elektronen zu berechnen und mit den beobachteten Spektrallinien des Heliums zu vergleichen, was bisher nicht gelungen war. Dazu verwendeten sie eine aus der Himmelsmechanik entlehnte mathematische Methode, die sog. Störungsrechnung. Das Ergebnis war enttäuschend: »Ein Vergleich (der theoretischen und experimentellen Daten) lehrt, dass das Resultat unserer Untersuchung völlig negativ ist«, schreiben die Autoren, und »eine konsequente quantentheoretische Durchrechnung des Heliumproblems führt zu falschen Werten für die Energieterme«. Damit war klar, dass die Bohr-Sommerfeld-Theorie nicht bestehen konnte. Heisenberg kehrte nach München zurück, um seine Doktorarbeit fertigzustellen, und schrieb im März 1923 an Pauli: »Im Grunde sind wir beide der Überzeugung, dass alle bisherigen Heliummodelle ebenso falsch sind wie die ganze Atomphysik«.

Die Arbeit über das Helium hatte aber für Heisenberg doch die positive Folge, dass Born von seinen Qualitäten so überzeugt war, dass er ihn trotz der beinahe missglückten Doktorprüfung im Juli 1923 im drauffolgenden Wintersemester als Assistenten annahm.

Die Göttinger Universität war ein weltweit bekanntes Zentrum der Mathematik und Physik. Seit Carl Friedrich Gauß, der im 19. Jahrhundert als König der Mathematiker (*Princeps Mathematicorum*) galt, war diese Tradition durch Bernhard Riemann fortgesetzt worden, dem Erfinder der nichteuklidischen Geometrie, die die Voraussetzung für Einsteins Allgemeine Relativitätstheorie wurde. Um 1922 wirkten die Mathematiker David Hilbert, Richard Courant und Hermann Weyl in Göttingen. Hermann Minkowski, der 1909 einen eigenen Weg zur Relativitätstheorie gefunden hatte, war im selben Jahr gestorben. David Hilbert war der überragende Mathematiker seiner Zeit, der auch großes Interesse an der Anwendung der Mathematik auf die theoretische Physik hatte. Heisenberg, der damals an Hilberts mathematisch-physikalischen Seminar teilnahm, beschrieb seinen Eindruck von Hilberts Bedeutung in seinem Nachruf 1943 mit den Worten:

»Hilberts Stellung zur Physik und den Physikern ist wohl durch zwei Faktoren bestimmt: Durch das Bewusstsein, dass die Physik immer wieder zu neuen und fruchtbaren Fragestellungen führt, die aus der Phantasie des Mathematikers nicht allein entspringen, und durch die Überzeugung, dass die gewonnenen Fragestellungen schließlich doch nur durch die Methoden der reinen Mathematik bewältigt werden.«

Hilbert war an den Fragen der Allgemeinen Relativitätstheorie sehr interessiert und hatte die endgültige Formulierung der Feldgleichungen der Gravitation 1915 sogar vor Einstein gefunden und publiziert.

Die Lehrstühle für Physik hatten Max Born, James Franck und Robert Pohl inne. Max Born hatte sich früher mit Optik und Relativitätstheorie beschäftigt, jetzt aber interessierte er sich für die im Fluss befindliche Bohr-Sommerfeld'sche Quantentheorie und dafür, wie die Quantentheorie sich auf die Physik der Kristallgitter auswirken würde. Nachdem Wolfgang Pauli, der nach seiner Münchner Promotion Borns Assistent gewesen war, nach Hamburg gegangen war, sollte nun Heisenberg die Arbeit an der Atomtheorie fortsetzen. Im Wintersemester 1923 trat er die Stelle in Göttingen an, zu einem Zeitpunkt, als sich in Deutschland die Inflation der Währung ausbreitete.

Im Gegensatz zu München war die Arbeitsatmosphäre in der Göttinger Gruppe weniger offen für Diskussionen, weniger lebendig. Dafür profitierte Heisenberg von der mathematischen Expertise am Göttinger Institut, er schrieb nach Hause, es gebe im Grunde hier nur Mathematiker. Nachdem das Bohr-Sommerfeld-Modell beim Helium und beim sog. anomalen Zeeman-Effekt gescheitert war, waren neue Ideen notwendig. Schon bald nach seiner Ankunft konnte Heisenberg zusammen mit Born grundlegende Überlegungen zur Atomtheorie entwickeln. Wie er in einem Brief an Pauli schrieb, sollten die mechanischen Modellvorstellungen des Atoms mit Elektronen auf Bahnen um den Kern nur noch einen symbolischen Sinn haben. Er wandte dieses Prinzip auf sein spezielles Beispiel, den Zeeman-Effekt, an, bei dem die Spektrallinien eines Atoms sich im äußeren Magnetfeld aufspalten, d. h. aus einer Spektrallinie

2.5 Heisenberg in Göttingen und Kopenhagen

Heisenbergs Göttinger Lehrer David Hilbert (links), Max Born (sitzend) und James Franck (2. von rechts) mit Besuchern Niels Bohr (2. von links) und Enrico Fermi (rechts) 1923

werden drei. Bei manchen Atomen fand man später eine Aufspaltung in zwei oder mehr als drei Linien und nannte das den anomalen Zeeman-Effekt. Über die Rechnungen zu diesem Problem schrieb er einen langen Brief an Niels Bohr in Kopenhagen, und Bohr lud ihn ein, er solle doch nach Kopenhagen kommen, um darüber zu diskutieren. Nach dem Wintersemester konnte er im März 1924 dieser Einladung folgen.

In den Gesprächen mit Bohr ging es zunächst um die philosophischen Grundfragen der Quantentheorie und die Definition von Begriffen. Danach beschäftigte sich Bohr mit einer neuen Idee über die Emission und Absorption von Strahlung im atomaren Bereich. In der klassischen Theorie war die Strahlung ein Wellenphänomen, in Einsteins Erklärung des photoelektrischen Effekts wirkte das Licht als ein Teilchen, das Photon. Ein neuer Gast am Bohr'schen Institut, John Slater, hatte die Idee mitgebracht, man habe »sowohl Wellen als auch Teilchen, und die Teilchen werden sozusagen entlang der Wellen gezogen«, wie Heisenberg darüber in einem Brief berichtet. Zusätzlich führte er ein virtuelles Strahlungsfeld ein, durch das

Atome untereinander kommunizieren sollten. Bohr und sein Assistent Kramers nahmen diese Idee auf und entwarfen eine Strahlungstheorie, die nach ihren drei Autoren BKS benannt wurde. Sie wurde unter Quantenphysikern kontrovers diskutiert, bis sie durch ein Experiment widerlegt wurde.

Bei einer Wandertour an der dänischen Riviera im Norden Seelands vermittelte Bohr seinem jungen Gast eine skeptische Haltung. Beide waren der Ansicht, dass sie noch weit von einer Lösung der Probleme der Quantenphysik entfernt waren. Bohr selbst notierte später:

> »Unsere Besprechungen berührten viele Probleme der Physik und Philosophie, und besonderer Nachdruck wurde auf die Forderung eindeutiger Definition der in Frage kommenden Begriffe gelegt [...] Wir sprachen darüber, dass sich hier wie in der Relativitätstheorie mathematische Abstraktionen vielleicht nützlich erweisen könnten«.

Diese Ideen sollten sich ein Jahr später bei Heisenbergs Aufenthalt auf Helgoland als äußerst fruchtbar erweisen.

Zunächst aber lud Bohr Heisenberg – den er in einem Brief an Rutherford als »sehr genial und sympathisch« bezeichnete – ein, im Herbst für längere Zeit nach Kopenhagen zu kommen. Max Born stimmte zu, und so traf Heisenberg im September 1924 wieder in Kopenhagen ein.

Mit der Arbeit an der Atomtheorie ging es aber anfangs gar nicht vorwärts. Doch dann entdeckte ein Doktorand von James Franck, Wilhelm Hanle in Göttingen einen neuartigen Effekt, bei dem die Resonanzstrahlung von Quecksilber- und Natriumatomen in schwachen Magnetfeldern polarisiert war. Bohr erklärte den Effekt in der klassischen Theorie, überließ es aber Heisenberg, die Rechnung wirklich durchzuführen, und dieser veröffentlichte seine Resultate unter dem Titel *Über die Anwendung des Korrespondenzprinzips auf die Frage nach der Polarisation des Fluoreszenzlichtes*. Nach Heisenbergs Erinnerung konnte Bohr zwar den Kern des Problems mit unnachahmlicher Klarheit formulieren, schreckte aber vor der mathematischen Abstraktion zurück.

Im Dezember 1924 schickte Pauli seine Arbeit über die Anzahl der Elektronen in den verschiedenen Quantenzuständen der Atome an Bohr, und diese schlug ein wie eine Bombe: Pauli

2.5 Heisenberg in Göttingen und Kopenhagen

hatte jedem Elektron vier statt drei Quantenzahlen zugeteilt, und er postulierte, dass es »niemals zwei oder mehrere äquivalente Elektronen geben kann, für welche die Werte aller vier Quantenzahlen übereinstimmen.« Die vierte Quantenzahl stellte sich später als der Eigendrehimpuls oder Spin des Elektrons heraus. Durch dieses Pauli'sche Ausschließungsprinzip wird die Anzahl der Elemente in jeder Gruppe des Periodensystems auf einfache Weise korrekt festgelegt. Eine Begründung wusste Pauli noch nicht, die ergab sich erst später aus der Statistik für Systeme mehrerer Elektronen. Pauli schrieb an Bohr, sein Ausschließungsprinzip widerspreche zwar Bohrs Korrespondenzprinzip zwischen klassischer und Quantenphysik, aber es sei kein größerer Unsinn als die bisherige Auffassung.

Heisenberg beschäftigte sich in den letzten Kopenhagener Monaten wieder mit »seinem« Zeeman-Effekt, es gelang ihm, in einer einheitlichen Beschreibung die verschiedenen Formalismen zusammenzubauen. Im April 1925 kehrte er nach Deutschland zurück.

3 Die Wunderjahre

3.1 Die Ruhe vor dem Sturm der Gedanken

Halten wir einen Moment inne, um die Situation der beiden Genies zu dem Zeitpunkt zu betrachten, an dem sie sich anschickten, die Welt der Physik zu revolutionieren. Beide waren in süddeutschen Mittelstädten geboren, die eine mit schwäbischer, die andere mit bayerischer Prägung. Beide durchliefen eine bayerische Volksschule, der eine mit katholischem, der andere mit evangelischem Religionsunterricht, beide lernten ein Musikinstrument zu spielen und waren lebenslang praktizierende Musiker, der eine mit der Geige, der andere am Klavier. In München besuchten beide ein humanistisches Gymnasium. Die Lehrpläne dieser beiden Gymnasien waren zu Heisenbergs Schulzeiten – 20 Jahre nach Einstein – im Wesentlichen dieselben geblieben, neben den alten Sprachen Griechisch und Lateinisch wurde als einzige lebende Fremdsprache Französisch gelehrt. Beide hatten einen Lehrer besonders geliebt, der Mathematik unterrichtete. Beide waren fasziniert von den Gesetzen der Geometrie, bei Einstein war es das »heilige Geometriebüchlein«, bei Heisenberg die Erkenntnis Platons, dass es nur fünf regelmäßige Körper gibt, und dass diese aus Dreiecken oder Quadraten zusammengesetzt werden können. Beide waren überzeugt, dass hinter den Erscheinungen der Natur Gesetze stehen, die mathematisch beschrieben werden können. Deshalb hatten sich beide neben der Schule im Selbststudium mathematische und naturwissenschaftliche Kenntnisse erworben, die sie für notwendig hielten, um die Naturgesetze zu verstehen.

Während Heisenbergs Elternhaus von Geisteswissenschaften geprägt war, wo über griechische und byzantinische Literatur

3.1 Die Ruhe vor dem Sturm der Gedanken

und Kunst gesprochen wurde, hatte Einstein im Unterschied dazu in seinem Onkel Jakob einen naturwissenschaftlich gebildeten Gesprächspartner, der ihm am Mittagstisch die Gesetze der Elektrodynamik erklären konnte. Der Schüler Albert konnte sich also schon solch abstrakte und absurde Ideen ausdenken, wie es wäre, auf einem Lichtstrahl mitzufahren und einen anderen Lichtstrahl zu beobachten. Schon zu dieser Zeit wusste er, dass in der Elektrodynamik eine seltsame Zahl vorkam, die Lichtgeschwindigkeit.

Einsteins Studium an der Polytechnischen Hochschule in Zürich bewegte sich vollständig im Rahmen der klassischen Physik, seine Diplomarbeit bei Professor Weber über ein Thema der Thermodynamik langweilte ihn. Nachdem er einige unbefriedigende Zeiten als Lehrer in Schaffhausen und Winterthur verbracht hatte, war er im Jahre 1905 26 Jahre alt, war ein wohlbestallter Beamter am eidgenössischen Patentamt in Bern und mit Mileva verheiratet, mit einer Tochter in Novi Sad und dem ersten Sohn Hans Albert im Hause. Es waren für ihn persönlich und auch politisch ruhige beschauliche Zeiten, in denen er sich in seiner Freizeit seinen tiefgehenden Fragen widmen und mit seinen Freunden in der *Akademie Olympia* die neueste physikalische Literatur diskutieren konnte.

Außer den beiden Freunden hatte er keine akademischen Ansprechpartner, seine Kenntnisse über Probleme der modernen Physik bezog er aus Veröffentlichungen. Und da faszinierte ihn seit seiner Schulzeit und den Diskussionen mit Onkel Jakob die Erzeugung und Ausbreitung des Lichts im Raum. Grundlage seines Denkens war die Überzeugung, dass sich in den Erscheinungen der Natur ein Wille manifestierte, den er scherzhaft »der Alte« nannte. Den stellte er sich nicht als persönlichen Gott vor, sondern im Sinne des Philosophen Baruch Spinoza als »das unbedingt unendliche Wesen«, dem absolut gültige und unveränderliche geometrische Sätze und Naturgesetze entspringen.

Für Heisenberg, 20 Jahre später, waren Einsteins Entdeckungen und Erfindungen bekannt, sie wurden in allen Medien diskutiert. Heisenbergs Interesse ging in eine andere Richtung, er konzentrierte sich darauf, den Bau der Atome zu verstehen. Er war in seinem Wunderjahr im Sommer 1925 23 Jahre alt,

Assistent von Max Born in Göttingen. Er hatte das Glück, die hervorragendsten Wissenschaftler seiner Zeit als Gesprächspartner zu haben, angefangen mit Arnold Sommerfeld in München als Doktorvater, Max Born als Förderer der Habilitation in Göttingen, Niels Bohr als ideensprühender Gesprächspartner, Wolfgang Pauli als Mitstudent, unerbittlicher Kritiker und Ideenproduzent. Nach den politisch unruhigen Zeiten, die der Niederlage im Ersten Weltkrieg folgten, erschien in der Weimarer Republik die Aussicht auf eine hoffnungsvolle Zukunft.

Heisenbergs Interesse wurde schon während des Studiums bei Sommerfeld auf den Versuch gelenkt, den Bau der Atome zu verstehen, indem man das Licht analysierte, das die Atome emittierten, wenn sie durch geeignete Methoden angeregt werden. Dieses Gebiet der Spektralanalyse war der Schlüssel zum Verständnis der atomaren Welt. Niels Bohr hatte dazu ein Modell vorgeschlagen, nach dem die negativ geladenen Elektronen im Atom auf kreisförmigen Bahnen um den positiv geladenen Atomkern umlaufen sollten. Dabei sollten nur bestimmte Bahnen möglich sein, die Bohr durch sogenannte »Quantenbedingungen« festlegte. Das Modell ähnelte einem Kepler'schen Planetensystem, in dem anstelle der Gravitation die elektrische Kraft für die Anziehung zwischen Elektron und Kern sorgen sollte. Heisenbergs Lehrer Sommerfeld hatte das Atommodell von Bohr wesentlich erweitert und verbessert, indem er erfolgreich versuchte, das Modell an die real beobachteten Spektrallinien anzupassen. Dass das Modell mit der klassischen Physik unvereinbar war, sah jeder Physiker, denn wenn sich Elektronen auf Kreisbahnen bewegen, werden sie durch die elektrische Kraft beschleunigt und senden nach den Gesetzen der Elektrodynamik Röntgenstrahlung aus. Dabei verlieren sie Energie und stürzen auf den Atomkern. Die Bohr'schen Atome sind also instabil. Durch die Bohr'schen Quantenbedingungen wurden die Elektronen zwar künstlich auf ihren Bahnen gehalten, aber diese Bedingungen waren ad hoc erfunden. Eine große Zahl von Physikern versuchte, das Bohr-Sommerfeld-Modell durch zusätzliche Annahmen zu verbessern, aber manche Widersprüche zu den bekannten Gesetzen der Physik waren dadurch nicht zu beheben.

Als die beiden Studenten Heisenberg und Pauli im Jahre 1921 am bayerischen Walchensee wanderten, diskutierten sie natürlich die Atomtheorie. Die erhitzten Wanderer kamen nach einem langen Gespräch zu dem Ergebnis, es könne diese Bohr'schen Bahnen der Elektronen gar nicht geben, alle Versuche, das Modell durch Verbesserungen zu retten seien nutzlos, man brauche einen komplett neuen Ansatz, um eine widerspruchsfreie Theorie zu formulieren. Aber niemand wusste, wie diese aussehen sollte und konnte. An der Überzeugung Heisenbergs, dass die Natur so beschaffen sein müsse, dass sie mathematisch beschreibbar sei, änderte sich dadurch freilich nichts.

3.2 Einsteins annus mirabilis

Seit seiner Anstellung am Eidgenössischen Patentamt und der Heirat mit Mileva 1903 führte Einstein ein sorgloses Leben. Die Pflichtarbeit im Amt ließ ihm genügend Zeit für seine wissenschaftlichen Arbeiten, er diskutierte grundlegende Bücher zur Physik und Philosophie und die neuesten physikalischen Veröffentlichungen mit seinen Freunden Maurice Solovine und Conrad Habicht, um den kleinen Hans Albert kümmerte sich Mileva, die den Haushalt führte. Im Jahre 1905 waren zwei der drei Mitglieder der *Akademie Olympia* aus Bern weggezogen, aber glücklicherweise kam als neuer Gesprächspartner Einsteins Freund Michele Besso ebenfalls an das Patentamt. Mit ihm, einem Maschinenbauingenieur, konnte er auf dem gemeinsamen Heimweg aus dem Amt über philosophische und wissenschaftliche Probleme reden. Besso war sein aufmerksames Publikum, oder »Resonanzboden«, wie Einstein schrieb. Aber obwohl es sich nicht um eine genuine wissenschaftliche Zusammenarbeit handelte, dankte Einstein ihm in der Arbeit über die »Elektrodynamik bewegter Körper« für manche wertvolle Anregung. Trotzdem vermisste er Conrad Habicht, der als Lehrer an einem Gymnasium im Kanton Graubünden tätig war, und beklagte sich darüber, dass dieser ihm seine Doktorarbeit noch nicht zugeschickt habe. Er verspreche ihm dafür vier Arbeiten, von denen er bald Freiexemplare erhalten werde.

Diese vier Arbeiten, die Einstein im Jahre 1905 veröffentlichte, haben es in sich.

Der photoelektrische Effekt

Die erste Arbeit »handelt über die Strahlung und die energetischen Eigenschaften des Lichtes und ist sehr revolutionär«, wie er an Habicht schrieb. In ihr behandelt Einstein den photoelektrischen Effekt, der 60 Jahre früher von dem französischen Physiker Becquerel entdeckt worden war.

Alexandre Edmond Becquerel experimentierte gerne im Freien mit dem Sonnenlicht – oft auch zusammen mit seinem Vater Antoine César Becquerel. 1839 fiel ihm ein merkwürdiges Phänomen auf: Eine Batterie ergab mehr Elektrizität, wenn sie der Sonne ausgesetzt wurde. Seine Beobachtung erregte kein großes Interesse. Erst im Jahre 1887 fand Heinrich Hertz heraus, dass ultraviolettes Licht im Vakuum zwischen zwei unter elektrischer Spannung stehenden Metallplatten Funken auslöst. Nachdem das Elektron als Träger des elektrischen Stroms entdeckt worden war, erkannte J. J. Thomson, dass bei dem Hertz'schen Experiment durch das Licht Elektronen aus dem Metall herausgeschlagen werden, und nannte das Phänomen den »photoelektrischen Effekt« oder kurz »Photoeffekt«.

Im Jahre 1902 machte Philipp Lenard in Heidelberg die entscheidende Beobachtung, dass die emittierten Elektronen bei einer tausendfachen Erhöhung der Intensität des Lichts genau dieselbe Energie hatten wie bei niedriger Intensität. »Die Energie der Elektronen zeigt nicht die geringste Abhängigkeit von der Intensität«, heißt es in der Veröffentlichung. Das widersprach der gängigen Wellentheorie. Dagegen erhöhte sich die Energie der Elektronen, wenn man statt grünem Licht blaues, violettes oder ultraviolettes Licht verwendete. Das bedeutete, dass die Elektronenenergie proportional zur Frequenz des eingestrahlten Lichtes war. Bei den meisten verwendeten Metallen stellte sich außerdem heraus, dass rotes Licht nicht in der Lage war, Elektronen herauszuschlagen, auch wenn man die Intensität des Lichts steigerte.

Einstein ging in seiner Arbeit zunächst davon aus, dass das Licht nach der Maxwell'schen Theorie, die ihm ja schon in seiner Schulzeit vom Onkel Jakob erklärt worden war und die er seitdem mathematisch beherrschte, als ein Wellenphänomen aufzufassen sei, bei dem die Energie eine kontinuierliche Funktion des Raumes ist. In der Arbeit schreibt er, die Wellentheorie des Lichtes habe sich zur Darstellung der optischen Phänomene vortrefflich bewährt. Es sei jedoch im Auge zu behalten, dass sich die optischen Beobachtungen auf zeitliche Mittelwerte, nicht aber auf Momentanwerte beziehen. Man könnte also die Idee von Max Planck aufgreifen, der das Gesetz der Emission elektromagnetischer Strahlung, das gleichermaßen für Wärmestrahlung und Lichtstrahlung gilt, damit erklärt hatte, dass er das Licht als Abfolge kleiner Pakete von Energie, den »Quanten«, ansah. Wenn man also den »heuristischen Gesichtspunkt« einnimmt, dass auch beim photoelektrischen Effekt einzelne Elementarprozesse stattfinden, bei denen die Energie nur in kleinen Paketen übertragen wird, ergibt sich eine Möglichkeit, die Beobachtungen von Lenard zu erklären. Einstein postulierte nun, dass beim Photoeffekt das einfallende Licht, das man sich bisher als Welle vorgestellt hatte, gleichzeitig aus Quanten oder Teilchen besteht. Diese »Photonen« sind kleine Energiepakete, deren Größe von der Farbe des Lichts abhängt. Sie schlagen aus dem Metall die schwach gebundenen Elektronen heraus. Die Energie eines Elektrons ist dann diejenige des Photons abzüglich der Auslösearbeit aus dem Metall. Und die Energie eines einzelnen Lichtquants ist die Frequenz der Lichtwelle mal der Zahl h, dem Planck'schen Wirkungsquantum. Mit seiner Idee konnte er erklären, warum ultraviolettes Licht die Elektronen herausschlagen kann, nicht aber rotes: Die ultravioletten Photonen haben mehr Energie als die roten.

Der »heuristische Gesichtspunkt« von Einstein wurde in der Fachwelt heftig kritisiert. Die berühmten Berliner Physiker um Planck, die später Einstein 1913 für die Aufnahme in die Preußische Akademie vorschlagen sollten, waren von der Lichtquantenhypothese nicht überzeugt. Er habe zu allen wichtigen Fragen der modernen Physik bemerkenswerte Beiträge geleistet, aber manchmal schieße er über das Ziel hinaus, zum Beispiel bei seiner Lichtquantenhypothese. Planck suchte die Bedeutung der Lichtquanten nicht bei der Ausbreitung im Vakuum, sondern bei der Wechselwirkung mit Materie, wo Licht absorbiert und emittiert wird. Bei der Ausbreitung des Lichts im Vakuum seien die Maxwell'schen Gesetze streng gültig.

Der Experimentalphysiker Robert Andrews Millikan, der zehn Jahre lang die Gesetze des Photoeffekts im Labor untersuchte, schrieb, Einsteins photoelektrische Gleichung scheine die experimentellen Ergebnisse richtig zu beschreiben; aber die halbkorpuskulare Theorie, mit der Einstein diese Gleichung abgeleitet hatte, sei völlig unhaltbar. Sie widerspreche allem, was wir über die Interferenz von Licht wissen. Denn wenn man Licht durch zwei schmale, eng beieinander liegende Spalte schickt, beobachtet man auf einem hinter den Spalten aufgestellten Papier ein wellenförmiges Muster, das Interferenzmuster. Dieses Muster ist dasselbe wie das bei der Überlagerung zweier Wasserwellen entstehende und zeigt, dass Licht eine Welle ist. Wenn aber das Licht aus kleinen Korpuskeln besteht, kann man diese Interferenz nicht erklären. Erst nach mehr als zehn Jahren waren die experimentellen Ergebnisse so präzise, dass die Hypothese der Lichtquanten allgemein akzeptiert wurde. Der Grund für den Widerstand war die Abneigung der meisten Physiker gegen das Paradoxon, dass Licht einerseits bei der Ausbreitung im Vakuum eine Welle, aber beim Auftreffen auf Materie ein Teilchen sein sollte. In der Tat schuf Einstein mit dieser Hypothese ein erstes Beispiel für die Dualität von Welle und Teilchen, die 20 Jahre später in der Quantenmechanik eine große Rolle spielte.

Mit der Anerkennung durch die *physics community* war auch der Weg frei für die Zuerkennung des Nobelpreises an Einstein im Jahre 1921 »für die Entdeckung der Gesetze des photoelektrischen Effektes«.

Die technische Anwendung des photoelektrischen Effekts zur Umwandlung der auf die Erdoberfläche fallenden Lichtenergie in elektrische Energie wurde möglich, als William Shockley, Walter Brattain und John Bardeen den Transistor aus halbleitendem Silizium erfanden. Nun konnte das durch den photoelektrischen Effekt ausgelöste Elektron zur Erzeugung einer elektrischen Spannung verwendet werden. 1954 wurde aus Silizium die erste Solarzelle gebaut und erprobt.

Die Doktorarbeit und die Brown'sche Molekularbewegung

Die zweite Arbeit reichte Einstein im Juli 1905 bei der Universität Zürich als Doktorarbeit ein. Sie beschäftigt sich mit der atomistischen Struktur der Materie. Einstein machte die Annahme, dass die Zähigkeit von Wasser sich erhöht, wenn man in die Flüssigkeit Moleküle eines löslichen Stoffes einbringt. Am Beispiel von Zuckerwasser berechnete er aus der Änderung der Zähigkeit die Größe der Zuckermoleküle. Die Arbeit wurde als Dissertation angenommen.

Eine ähnliche Thematik hat die dritte Arbeit über die Brown'sche Molekularbewegung. Bringt man kleine Teilchen in eine Flüssigkeit, so führen sie Zitterbewegungen aus. Diese Bewegung kann unter dem Mikroskop beobachtet werden, zum Beispiel mit Bärlappsamen in Wasser. Einstein berechnete die Größe dieser Schwankungsbewegungen, die bei höherer Temperatur anwächst. Er fand auch, dass die Schwankungen umso größer werden, je kleiner die suspendierten, also in der Lösung befindlichen Teilchen sind. Mathematisch kann man dann »extrapolieren«, also berechnen, wie die Bewegung der unsichtbaren Moleküle in der Flüssigkeit abläuft, und deren Anzahl und Größe abschätzen. Dabei verwendet man als Größe die sogenannte Avogadro- oder Loschmidt-Konstante N, die Anzahl der Moleküle pro Mol. Für jedes Element und jede chemische Verbindung lässt sich die Größe des Mols aus dem Atomgewicht ableiten, z. B. ist ein Mol Wasserstoff (H_2) 2 Gramm, ein Mol Wasser (H_2O) 18 Gramm, ein Mol Kohlenstoff (C) 12 Gramm. Aus Einsteins Berechnungen ergab sich eine Anzahl von Molekülen pro Mol und damit eine Größe der Moleküle. Abgesehen von einem Rechenfehler, den er erst fünf Jahre später entdeckte, ergab dies die richtige Größenordnung der Loschmidt-Konstante. In dieser Arbeit konnte Einstein dann auch die Gesetze der »Brown'schen Molekularbewegung« ableiten, die er in einer Publikation an die Zeitschrift *Annalen der Physik* schickte. Die Brown'sche Bewegung untersuchten dann experimentell Francois Perrin und andere Forscher. Die Experimente unterstützten die zu dieser Zeit noch nicht allgemein akzeptierte Vorstellung von Atomen und Molekülen als wirkliche Objekte, nicht nur als Arbeitshypothese.

Die neue Sicht von Raum und Zeit

Die vierte Arbeit, die im Juni 1905 mit dem Titel *Zur Elektrodynamik bewegter Körper* bei den *Annalen der Physik* einging, hat unser Weltbild verändert. Die elektromagnetischen Wellen, also auch das Licht, die sich nach Maxwells Gleichungen im Raum mit großer Geschwindigkeit ausbreiteten, stellten die Physiker des 19. Jahrhunderts vor große Probleme. Sie kannten die Wasserwellen und die Schallwellen in der Luft. Dabei schwingen Moleküle periodisch mit einer bestimmten Frequenz. Nun fragten sie sich, was denn bei einer Lichtwelle periodisch schwingt, welche materielle Substanz diese Schwingung ausführt. Maxwell selbst war überzeugt, dass es eine solche Substanz geben müsse. Er schrieb:

> »es kann keinen Zweifel geben, dass der interplanetare und interstellare Weltraum nicht leer ist, sondern erfüllt von einer Substanz oder einem Körper, der sicher der größte und gleichförmigste Körper ist, von dem wir Kenntnis haben«.

Diese Substanz nannte man Äther, ein Name, den schon die Griechen verwendet hatten, um das fünfte Element zu bezeichnen. Dieser Äther sollte das ganze Universum erfüllen und relativ zu den Fixsternen ruhen, und in ihm sollten sich die elektromagnetischen Wellen ausbreiten. An der Stelle, an der sich die Lichtquelle befindet, sollte der Äther erschüttert werden wie ein elastisches Material, und diese Erschütterung sollte sich mit Lichtgeschwindigkeit ausbreiten.

Wenn die Erde sich durch diese Substanz bewegte, musste sich das auf die Ausbreitungsgeschwindigkeit des Lichts auswirken. Schon im Jahre 1881 versuchte der amerikanische Physiker Albert Michelson, der im Labor von Hermann von Helmholtz in Berlin arbeitete, diesen Effekt zu messen. Um die Erschütterungen durch den Straßenverkehr zu vermeiden, baute er seine optische Apparatur im astronomischen Observatorium in Potsdam auf, ein später nach ihm benanntes Michelson-Interferometer. Das Gerät hatte zwei senkrecht aufeinander stehende, gleich lange Vakuumrohre mit Spiegeln am Ende, in denen Lichtstrahlen hin und zurück liefen. In einem der Arme des Interferometers lief der Lichtstrahl in Richtung der Erdbewegung, im anderen senkrecht dazu. Wenn die Erde durch einen feststehenden Äther rast, müssen die Laufzeiten des Lichts in den beiden Armen verschieden sein. Doch die Messung ergab keinen Unterschied in den Laufzeiten, ebenso wie spätere, noch genauere Messungen von Michelson und Morley im Jahre 1887. Die Hypothese eines ruhenden Äthers war widerlegt.

Bei seinen Studien der physikalischen Zeitschriften hatte Einstein schon 1899 eine Arbeit von Wilhelm Wien gelesen, in der dieser über die Fragen des Lichtäthers referierte. Er habe an Professor Wien in Aachen geschrieben über dessen Abhandlung vom Jahr 1898 über die Fragen des Lichtäthers, schrieb Einstein am 28. September 1899 aus Mailand an Mileva. In dieser Arbeit werden zehn Versuche über den Lichtäther mit negativem Ergebnis beschrieben, darunter das Experiment von Michelson und Morley, bei dem die beiden Laufzeiten eines Lichtstrahls in Richtung der Erdbewegung und senkrecht dazu gemessen werden. Der Unterschied der Laufzeiten müsste bei Anwendung von Interferenzen beobachtbar sein, wenn sich das Licht im Äther ausbreitet, schreibt Wien.

Einstein wusste also schon während seiner Studienzeit über das Resultat des Michelson-Morley-Experimentes Bescheid, und es war auch eine Grundlage für seine Überlegungen im Jahre 1905, obwohl er in der Publikation das Experiment nicht erwähnte. Noch 1950 behauptete er irrtümlich, er habe davon erst nach 1905 erfahren. Im Jahre 1931 lobte er Michelson für seine wunderbaren Experimente, die den Weg für die Entwicklung der Relativitätstheorie freigemacht haben, indem sie einen heimtückischen Fehler in der Äthertheorie des Lichts aufdeckten. Die »wunderbaren« Experimente zeigten, dass die Lichtgeschwindigkeit in jeder Umgebung (Physiker sagen dazu »in jedem Bezugssystem«) dieselbe ist. Ob parallel zur Erdbewegung oder senkrecht dazu, die Lichtgeschwindigkeit hat immer denselben Wert von 300 000 Kilometer pro Sekunde. Nach den bisherigen Vorstellungen der Mechanik addierte sich aber die Geschwindigkeit der Erde zu der des Lichtes, wenn das Licht in Richtung der Erdbewegung ausgesandt wurde. Das Neue an der Tatsache der konstanten Lichtgeschwindigkeit war also, dass sich anscheinend die Geschwindigkeiten nicht addierten, im Gegensatz zu unserer früheren Vorstellung von Raum und Zeit.

Einstein war nicht der Einzige, dem der Widerspruch zwischen dem Ergebnis von Michelson und der gängigen Äthertheorie aufgefallen war. Schon vorher hatte der Ire George Francis FitzGerald vermutet, die einzige Hypothese, die diesen Widerspruch auflösen könnte, sei eine Längenänderung der Körper, abhängig davon, ob sie sich parallel oder senkrecht zum Äther bewegen, wenn die Erde durch den feststehenden Äther fliegt. Ein paar Jahre später kam der Niederländer Hendrik A. Lorentz zur selben Vermutung, dass ein Körper, der bei einer Orientierung parallel zur Erdbewegung eine Länge L hat, diese Länge ändert, wenn er um 90 Grad senkrecht zur Erdbewegung gedreht wird. Auf diese Weise konnte die Äthertheorie aufrechterhalten werden. Lorentz ging noch viel weiter: er betrachtete zwei Koordinatensysteme oder »Bezugssysteme«, eines, das relativ zum Äther ruht, und ein zweites, das sich mit der Erde bewegt.

Betrachtungen über zwei solche gegeneinander bewegte Systeme waren seit Galilei bekannt. Wenn ich im Bahnhof im Zug sitze und im Fenster einen zweiten Zug auf dem Nebengleis sehe, der sich plötzlich zu bewegen beginnt, dann kann das ebenso bedeuten, dass mein Zug in die entgegengesetzte Richtung zu fahren beginnt. Es kommt darauf an, in welchem Bezugssystem ich die Bewegung beschreibe, in meinem oder in dem des anderen Zuges. Bei dieser Beschreibung der Bewegungen addieren sich die Geschwindigkeiten: wenn ich im Zug nach vorne gehe, addiert sich meine Gehgeschwindigkeit zu der des Zuges, wenn ich nach hinten gehe, ist meine Geschwindigkeit relativ zur Erde die Differenz der Geschwindigkeit des Zuges abzüglich meiner Gehgeschwindigkeit. Die Zeit, die ich auf meiner Uhr ablese, ist dieselbe wie die auf der Bahnhofsuhr. Diese Beziehungen zwischen der Beschreibung im ruhenden Bezugssystem und dem des fahrenden Zuges nennt man Galilei-Transformationen.

Lorentz stellte nun fest, dass er die Galilei-Transformationen aufgeben musste, wenn er die Theorie des Äthers beibehalten wollte. Die Längen in Richtung der Relativbewegung der beiden Bezugssysteme wurden kleiner, die Körper kontrahierten sich. Er stellte fest, dass er dann aber auch eine andere Zeitmessung im bewegten System brauchte. Er nannte die Zeit im ruhenden System »allgemeine Zeit« und die im bewegten System »lokale Zeit«. Die Gesamtheit der Transformationen zwischen Koordinaten im ruhenden und im bewegten System nennt man heute Lorentz-Transformationen. Eine Begründung aus fundamentalen Prinzipien für diese Beziehungen konnte Lorentz nicht angeben.

Mit dem Zeitbegriff beschäftigte sich auch ein anderer Vorläufer Einsteins: der Franzose Henri Poincaré. Er stellte 1898 fest, dass wir »keine Intuition über die Gleichheit zweier Zeitintervalle« haben. Die Gleichzeitigkeit zweier Ereignisse und die Gleichheit zweier Zeitintervalle müsse so definiert werden, dass die Formulierung der Naturgesetze möglichst einfach wird. Er kannte die Lorentz-Transformationen und fand, sie seien zurzeit die zufriedenstellendste Lösung. Einige Jahre später ging er über die Vorstellung einer lokalen Zeit hinaus, indem er sie als physikalische Realität interpretierte. Er betrachtete zwei Beobachter A und B, die sich relativ zueinander mit gleichförmiger Geschwindigkeit bewegen und die ihre Uhren mit Lichtsignalen synchronisieren. Er kommt dann zu dem Schluss, dass alle Vorgänge im Bezugssystem des Beobachters B, die der Beobachter A misst, relativ zu der Messung von B verlangsamt ablaufen, aber ebenso für die Vorgänge im Bezugssystem A, die von B gemessen werden. Er fährt fort, wegen des Relativitätsprinzips könne der Beobachter nicht entscheiden, ob er in Ruhe oder in Bewegung sei. Außerdem hatte Poincaré die Vision, dass man eine neue Mechanik erfinden müsse, in der die Lichtgeschwindigkeit eine unüberwindliche Grenze bilden würde. Dies sind schon Ideen, die die Relativitätstheorie vorausahnen. Im Jahre 1905 schließlich zeigte Poincaré mathematisch, dass die Abfolge zweier Lorentz-Transformationen wieder eine Lorentz-Transformation ist, ein Resultat, das Einstein einige Wochen früher in Bern auch gefunden hatte.

Die Spezielle Relativitätstheorie Einsteins

Einstein schickte seine Arbeit *Zur Elektrodynamik bewegter Körper* im Juni 1905 an den Herausgeber Paul Drude der *Annalen der Physik*. Darin brach er radikal mit den alten Vorstellungen von Licht, Raum und Zeit. Als erstes verbannte er den Äther des 19. Jahrhunderts aus der Physik. Die elektromagnetischen Wellen sollten sich im leeren Raum ausbreiten. Zweitens postulierte er, dass die Lichtgeschwindigkeit eine unveränderliche Naturkonstante sei. Aus diesen beiden Postulaten leitete er ab, dass sich Raum und Zeit ändern, wenn man in einem bewegten Bezugssystem sitzt. In Einsteins eigenen Worten lautet die Begründung:

> »Die mißlungenen Versuche, eine Bewegung der Erde relativ zum ›Lichtmedium‹ zu konstatieren, führen zu der Vermutung, daß dem Begriffe der absoluten Ruhe nicht nur in der Mechanik, sondern auch in der Elektrodynamik keine Eigenschaften der Erscheinungen entsprechen [...] Wir wollen diese Vermutung (deren Inhalt im folgenden ›Prinzip der Relativität‹ genannt werden wird) zur Voraussetzung erheben und außerdem die mit ihm nur scheinbar unverträgliche Voraussetzung einführen, daß sich das Licht im leeren Raume stets mit einer bestimmten, vom Bewegungszustande des emittierenden Körpers unabhängigen Geschwindigkeit V fortpflanze. Diese beiden Voraussetzungen genügen, um zu einer einfachen und widerspruchsfreien Elektrodynamik bewegter Körper zu gelangen unter Zugrundelegung der Maxwell'schen Theorie für ruhende Körper.«

Für den Beobachter auf der Erde läuft die Uhr in einer abgeschossenen Rakete langsamer ab als die entsprechende Uhr am Boden. Da es noch keine Raketen gab, verdeutlichte Einstein das Uhren-Paradoxon durch zwei Uhren am Äquator und am Nordpol:

> »eine am Erdäquator befindliche Unruhuhr (muss) um einen sehr kleinen Betrag langsamer laufen als eine genau gleich beschaffene, sonst gleichen Bedingungen unterworfene, an einem Erdpole befindliche Uhr«.

Auch der Begriff der »Gleichzeitigkeit« muss neu gefasst werden. Wie soll denn die Gleichzeitigkeit von Ereignissen festgestellt werden, die sich an verschiedenen Orten ereignen? Die Beobachter müssen dazu Signale austauschen, die höchstens mit Lichtgeschwindigkeit übermittelt werden können. Es gibt also keine absolute Bedeutung von Gleichzeitigkeit. Der Beobachter in einem Bezugssystem I betrachtet zwei Ereignisse als gleichzeitig, die ein anderer in einem relativ dazu bewegten System II als nicht gleichzeitig beurteilt. Die Längen im bewegten

System kontrahieren. Aber im Unterschied zu den Vermutungen von FitzGerald und Lorentz über eine solche Kontraktion ist es bei Einstein nicht das Material, das sich durch elektromagnetische Kräfte zusammenziehen soll, sondern der Raum selbst ändert sich im bewegten System. Einstein leitete dann aus seinen Prinzipien die Lorentz-Transformationen ab.

Das Relativitätsprinzip, das sich als Namensgeber für die Theorie durchsetzte, bedeutet, dass zwei Bezugssysteme, die sich relativ zueinander gleichförmig bewegen, gleichberechtigt sind. Ich kann also bei zwei Eisenbahnzügen die Vorgänge mit gleichem Recht im Bezugssystem meines Zuges wie in dem des anderen Zuges oder dem des ruhenden Bahnhofs beschreiben. Dabei muss ich aber beachten, dass die Zeitmessung in den beiden Bezugssystemen verschieden abläuft. Die Armbanduhr des Reisenden im Zug läuft nach Meinung des Beobachters auf dem Bahnsteig langsamer als die Bahnhofsuhr auf dem Bahnsteig. Dies ist die berühmte Zeitdehnung oder Zeitdilatation im bewegten System Zug.

Ein Rätsel aus Einsteins Schülerzeit führte zu einer weiteren Erkenntnis: der junge Albert hatte sich vorgestellt, wie es wäre, wenn er mit einem roten Lichtstrahl durch das All flöge und ein zweiter blauer Lichtstrahl parallel dazu seine Bahn zöge. Was würde er sehen? Da der andere Lichtstrahl dieselbe Ausbreitungsgeschwindigkeit hat, würde er relativ zum Beobachter Albert stehenbleiben, eine blaue Wolke ohne Richtung. Da das unmöglich ist, ist offenbar die Vorstellung, er selbst könne sich mit Lichtgeschwindigkeit bewegen, falsch. Das ergibt sich ebenso aus den Lorentz-Transformationen. Die Lichtgeschwindigkeit ist für massive Körper eine unüberwindliche Grenze, wie es Poincaré vermutet hatte.

Eine weitere spektakuläre Folgerung aus der Relativitätstheorie ist das »Zwillingsparadoxon«. Von zwei Zwillingen begibt sich der eine mit hoher Geschwindigkeit auf eine lange interplanetare Reise, während der andere auf der Erde zurückbleibt. Bei der Rückkehr des Reisenden ist dieser jünger als sein daheimgebliebener Bruder, d.h. alle biologischen Vorgänge im Körper des Reisenden sind wirklich langsamer abgelaufen als die des Zurückgebliebenen. Dieses Paradoxon wurde viel später experimentell mit zwei Atomuhren bestätigt, von denen eine die Reise um die Erde im Flugzeug zurücklegte, während die andere am Boden blieb.

Durch die Spezielle Relativitätstheorie werden Raum und Zeit vereinigt. Der dreidimensionale Raum und die Zeit bilden einen vierdimensionalen Raum (den Minkowski-Raum). Die Beziehung zwischen den Orts- und Zeitkoordinaten in einem ruhenden und einem relativ dazu bewegten Bezugssystem wird durch die Lorentz-Transformation beschrieben.

In der Rückschau auf diese Arbeit versucht Einstein in einem Brief an Carl Seelig aus dem Februar 1955 seinen selbständigen Beitrag von dem seiner Vorgänger abzuheben:

»Es ist zweifellos, dass die spezielle Relativitätstheorie, wenn wir ihre Entwicklung rückschauend betrachten, im Jahre 1905 reif zur Entdeckung war. Lorentz hatte schon erkannt, dass für die Analyse der Maxwell'schen Gleichungen die später nach ihm benannte Transformation wesentlich sei, und Poincaré hat diese Erkenntnis noch vertieft. Was mich betrifft, so kannte ich nur Lorentz bedeutendes Werk von 1895, aber nicht Lorentz' spätere Arbeiten, und auch nicht die daran anschließende Untersuchung von Poincaré. In diesem Sinne war meine Arbeit von 1905 selbständig. Was dabei neu war, war die Erkenntnis, dass die Bedeutung der Lorentztransformation über den Zusammenhang mit den Maxwell'schen Gleichungen hinausging und das Wesen von Raum und Zeit im allgemeinen betraf. Auch war die Einsicht neu, dass die ›Lorentz-Invarianz‹ eine allgemeine Bedingung sei für jede physikalische Theorie.«

Es ist nicht ganz klar, warum Einstein hier bestreitet, die Arbeiten von Poincaré gekannt zu haben, obwohl die doch in der *Akademie Olympia* Lesestoff der drei Freunde waren. Vielleicht lag es daran, dass das Verhältnis der beiden Gelehrten nicht das Beste war. Poincaré hatte einmal in einem Gutachten über Einstein für die Universität Zürich geschrieben: »die meisten der Wege, die er geht, sind Sackgassen«. Poincaré hat die Einstein'sche Form der Speziellen Relativitätstheorie nie akzeptiert. Im Gegenzug hat Einstein trotz mehrmaliger Aufforderung im Jahre 1919 nicht zu dem Sammelband der *Acta Mathematica* zu Ehren von Poincaré beigetragen und in einem Zeitungsartikel für die *New York Times* 1920 nur Lorentz und sich als die Urheber der Speziellen Relativitätstheorie bezeichnet, nicht aber Poincaré.

Masse und Energie

Im September 1905 reichte Einstein als Nachtrag zur Speziellen Relativitätstheorie eine weitere Arbeit an die »Annalen der Physik« ein. Unter dem Titel: *Ist die Trägheit eines Körpers von seinem Energieinhalt abhängig?* zog Einstein eine zusätzliche Folgerung aus der Relativitätstheorie: Masse kann in Energie umgewandelt werden. Die Formel, die die Welt veränderte, lautete: $E=mc^2$. Einstein beschrieb ihre Bedeutung im Jahr 1905 so:

> »Gibt ein Körper die Energie E in Form von Strahlung ab, so verkleinert sich seine Masse um E/c^2. Hierbei ist es offenbar unwesentlich, daß die dem Körper entzogene Energie gerade in Energie der Strahlung übergeht, so daß wir zu der allgemeineren Folgerung geführt werden: Die Masse eines Körpers ist ein Maß für dessen Energieinhalt.«

Und weiter schreibt er:

> »Eine merkliche Abnahme der Masse müsste beim Radium erfolgen. Die Überlegung ist lustig und bestechend; aber ob der Herrgott nicht darüber lacht und mich an der Nase herumgeführt hat, das kann ich nicht wissen«.

Der Energieinhalt E einer Masse m hat die enorme Größe mc^2, wobei c die Lichtgeschwindigkeit von 300 000 Kilometer pro Sekunde ist. Wenn man ein Gramm Wasserstoff vollständig in Energie umwandeln könnte, würde das so viel Wärme ergeben wie die Verbrennung von 4000 Tonnen Braunkohle. Die Naturgesetze lassen diesen Prozess allerdings wegen der Erhaltung der Zahl der Kernbausteine nicht zu. Dass aber ein ähnlicher Prozess, den wir Kernfusion nennen, möglich ist und in unserer Sonne und in allen Sternen abläuft, erkannten Hans Bethe und Carl-Friedrich von Weizsäcker im Jahr 1937. In Kernfusionsprozessen in den Sternen entsteht aus Wasserstoff bei Temperaturen von 15 Millionen Grad unter Freisetzung von Wärme und Strahlungsenergie das Element Helium. Die Differenz der Massen von Anfangs- und Endzustand wird nach Einsteins berühmter Gleichung $E=mc^2$ in Energie umgewandelt. Die Kernfusionsprozesse in der Sonne sind die Grundlage der Sonnenenergie. Ohne dieses Phänomen, d.h. ohne die Umwandlung von Masse in Energie, wäre unser Leben auf der Erde nicht möglich. Die Bedeutung der Relativitätstheorie für unser Leben auf der Erde wird so sichtbar.

Die zweite Möglichkeit, Masse in Energie umzuwandeln, entdeckten Otto Hahn und Fritz Strassmann 1938. Sie fanden, dass der schwere Kern des Elements Uran sich in zwei Bruchstücke aufspaltet, wenn man ihn mit langsamen Neutronen bestrahlt. Auch hier sind die entstehenden Teilchen zusammen etwas leichter als die Ausgangsstoffe, während der Massenverlust in Wärme umgewandelt wird. Solch einen Prozess hatte Einstein vorausgeahnt, wenn er von einer merklichen Abnahme der Masse beim Radium sprach. Die freigesetzte und in der Bewegungsenergie der Bruchstücke und der Spaltneutronen vorhandene Energie ist etwa 50 Millionen Mal größer als bei der chemischen Verbrennung eines Kohlenstoff-Atoms. Einstein sagte dazu: »Die Entdeckung des nuklearen Feuers ist die größte Erfindung der Menschheit nach der Nutzbarmachung des Feuers.«

Die Reaktionen auf die revolutionären Arbeiten

Bemerkenswert ist schon die Tatsache, dass der Herausgeber der führenden physikalischen Zeitschrift, Paul Drude, alle Arbeiten zur Publikation annahm. Einstein war ja in der wissenschaftlichen Welt noch unbekannt, er selber war nicht sicher, ob solch revolutionäre Arbeiten von der Redaktion angenommen würden. Einer der Mitherausgeber, Max Planck, hat sie zum selben Zeitpunkt gelesen. Erstaunlicher Weise hatte Planck Bedenken gegen die Lichtquantenhypothese, obwohl sie von seiner eigenen Arbeit inspiriert war.

Dagegen war Max Planck der erste, der die Bedeutung der Relativitätstheorie erkannte und ihr gegen die allgemeine Skepsis zum Durchbruch verhalf. Schon am 23. März 1906, ein halbes Jahr nach dem Erscheinen von Einsteins revolutionärer Arbeit, hielt Max Planck bei einer Tagung der *Deutschen Physikalischen Gesellschaft* einen nach Ansicht von Max von Laue »allen Teilnehmern unvergesslichen« Vortrag über die Relativitätstheorie und forderte das Auditorium auf, die Konsequenzen experimentell zu überprüfen. Im Frühjahr 1906 schrieb er einen Brief an Einstein, in dem er seine Arbeit in hohen Tönen lobte. Das war der Beginn einer kollegialen Freundschaft, die Jahrzehnte andauern sollte.

Bei einem Vortrag in Amerika verglich Max Planck die Relativitätstheorie mit der kopernikanischen Wende. So wie Kopernikus uns von der Vorstellung losriss, die Erde sei in Ruhe, so mussten wir uns nach Einstein von der Vorstellung einer absoluten Zeit und eines absoluten Raums trennen.

3.3 Professor in Zürich, Prag und wieder Zürich

Nach der Explosion seiner Kreativität im Wunderjahr 1905 promovierte Einstein 1906 mit der an der Züricher Universität eingereichten Arbeit über die Größe der Atome. Zwar beklagte er sich nicht über seine Tätigkeit als »ehrwürdiger eidgenössischer Tintenscheisser mit ordentlichem Gehalt«, die ihm nebenher noch Gelegenheit gab, sein physikalisches Steckenpferd zu reiten und »auf der Geige zu fegen«. Aber sein Ziel war eine Stellung als Professor an einer Universität, in diese akademische Welt wollte er zurückkehren. Als Zwischenstufe erwog er, sich um eine Lehrerstelle zu bewerben und fragte seinen Freund Marcel Grossmann, wie man das anstellen könne. Eine Bewerbung an der Kantonsschule in Zürich aber scheiterte.

Ein anderer Weg zum Ziel war die Habilitation. Durch seine Arbeiten war er bekannt geworden, und Professor Alfred Kleiner an der Universität Zürich riet ihm, sich an der Universität Bern zu habilitieren, um Erfahrung bei Vorlesungen zu gewinnen. So reichte er dort sein Habilitationsgesuch ein, dem er seine Doktorarbeit und 17 Publikationen beifügte, darunter die bahnbrechenden Arbeiten von 1905. Die naturwissenschaftliche Fakultät der Universität Bern lehnte nach 4-monatiger Beratung den Antrag ab, weil die formale Bedingung einer eigenen Habilitationsschrift nicht erfüllt war. Also musste Einstein zusätzlich eine neue, unpublizierte Arbeit einreichen, um endlich 1908 Privatdozent zu werden. Er durfte dann Vorlesungen halten, ohne an der Universität angestellt zu sein. Diese Pflichten nahm er neben seiner Tätigkeit am Patentamt auf sich, um sich für eine Professur zu qualifizieren. Zunächst hielt er die Vorlesung um 7 Uhr morgens vor dem Dienst vor drei Zuhörern, später verlegte er sie auf die Abendstunden.

Im Jahr 1909 fand ein Berufungsverfahren an der Universität Zürich für eine außerordentliche Professur für theoretische Physik statt. Zwei Kandidaten kamen in die engere Auswahl, Friedrich Adler, ein Privatdozent an der Universität Zürich, und Einstein. Die Mehrheit der Mitglieder der Schulkommission gehörte der sozialdemokratischen Partei an, so wie auch Adler. Er war ein Anhänger des Positivismus von Ernst Mach und gleichzeitig auch des dialektischen Materialismus von Marx und Engels. Er hatte eine Streitschrift gegen den zur selben Zeit in Genf lebenden Wladimir Iljitsch Uljanow, genannt Lenin, geschrieben, der Ernst Machs Philosophie als reaktionär und als unvereinbar mit dem dialektischen Materialismus verdammt hatte. Als Adler erfuhr, dass er an die erste Stelle gesetzt werden solle, protestierte er mit den Worten:

»Wenn ein Mann wie Einstein für unsere Universität zu haben ist, wäre es unsinnig, mich zu ernennen. Meine Fähigkeiten als Forscher in der Physik lassen sich nicht im Entferntesten mit denen Einsteins vergleichen«.

Daraufhin wurde Einstein berufen.

Albert und Mileva Einstein in Zürich 1910

Zunächst wurde ihm weniger Gehalt angeboten als am Patentamt, so musste er darum kämpfen, auf das vorherige Niveau zu kommen. Anderseits war er natürlich froh, seine acht Stunden im Büro des Patentamtes los zu sein und sich neben den regelmäßigen Vorlesungen seinen Forschungsinteressen widmen zu können. Er musste allerdings auch am Leben der Fakultät teilnehmen. Dabei gab es Verwaltungsarbeit, die ihm wenig zusagte, weil sie ihn nur Zeit kostete und von seiner Forschungsarbeit abhielt. Eine Entschädigung dafür war es, dass er wieder in Zürich leben konnte.

Seine neue Stellung erforderte eigentlich, dass er sein Leben als Bohemien mehr dem bürgerlichen Habitus eines Züricher Professors anpasste. Das gelang nicht ganz. Die Familie Einstein zog in dasselbe Haus, in dem auch der ehemalige Mitbewerber um die Professorenstelle, Friedrich Adler, mit seiner Familie wohnte. Mit ihnen verstanden sich die Einsteins gut, Adler meinte »sie haben eine ähnliche Bohemien-Wirtschaft wie wir«.

Adler wurde wenig später Chefredakteur einer sozialdemokratischen Zeitung in Zürich und gab die Wissenschaft auf. Er kehrte nach Österreich zurück und wurde Parteisekretär. Aus politischen Gründen ermordete er den österreichischen Ministerpräsidenten. Einstein bot sich als Zeuge für die integre Persönlichkeit Adlers an. Adler wurde zunächst zum Tode, dann zu Festungshaft verurteilt und 1918 amnestiert.

Die Vorlesungen Einsteins in Zürich waren besser besucht als in Bern, und die Hörer waren »echte« Studenten. Die Vorbereitung einer solchen Kursvorlesung erfordert viel Arbeit, zumal wenn man sie zum ersten Mal hält, und das dürfte auch für Einstein gegolten haben. Er bemühte sich auch, für die Studenten anregend zu sein. Das gelang, und als im Sommer das Gerücht aufkam, Einstein habe ein Angebot aus Prag, schrieben die Studenten an die Erziehungsdirektion, sie möge das bestmögliche tun, um ihrer Universität diesen hervorragenden Forscher und Dozenten zu erhalten. Als dann das Angebot wirklich kam, nahm Einstein den Ruf an, ohne den Zürichern Gelegenheit zu Bleibeverhandlungen zu geben. Vielleicht spielte dabei eine Rolle, dass er in Prag ordentlicher Professor und stimmberechtigtes Mitglied der Fakultät wurde.

Prag war die älteste Universität in Mitteleuropa, 1348 als *Universitas Carolina* von Karl IV. mit Vorlesungen in lateinischer Sprache gegründet. Im 18. Jahrhundert wurde Deutsch zur Hauptunterrichtssprache, obwohl die Mehrheit der Bevölkerung tschechisch sprach. Ab 1882 wurde die Universität in einen deutschen und einen tschechischen Teil geteilt. Der erste Rektor der deutschen Universität war Ernst Mach, dessen Arbeiten Einstein gelesen hatte. An dieser Universität war zum Herbst 1910 die Stelle eines Ordinarius für theoretische Physik zu besetzen. Der Physiker Anton Lampa, ein glühender Anhänger der Mach'schen Philosophie, sah eine Chance, einen Physiker zu berufen, der Machs Ideen nahestand, und überzeugte die Fakultät, also das Professorenkollegium, Einstein zu berufen. Die letzte Entscheidung lag in Österreich-Ungarn aber beim Kaiser Franz Josef in Wien, und der war der Meinung, zum Professor könne nur ernannt werden, wer einer anerkannten Religionsgemeinschaft angehöre. Einstein war zwar seit seiner Flucht aus München religionslos, ließ sich aber überzeugen, sich hier wieder als zum »mosaischen Glauben« gehörig zu deklarieren.

Nach seinem Amtsantritt beteiligte Einstein sich nicht an den laufenden Streitigkeiten zwischen deutschen und tschechischen Teilen der Universität und betrachtete die Konflikte eher amüsiert als Zaungast. Von den deutschen Professoren war ein großer Teil jüdischer Herkunft. Auch der Assistent, den Einstein anstellte, stammte aus einer jüdischen Landwirtsfamilie. Von ihm erfuhr Einstein, dass in den dörflichen Gemeinden die jüdischen Bauern und Kaufleute im täglichen Leben tschechisch sprachen, aber am Sabbat nur deutsch. Die Juden in Prag waren eine geachtete Minderheit, die sich zusammen mit der deutschen Minderheit von der tschechischen Mehrheit abhob und wenig Kontakt mit dieser hatte. Auch machte Einstein zum ersten Mal Bekanntschaft mit einer zionistischen Gruppe um den Bibliothekar Hugo Bergmann, der auch die Schriftsteller Franz Kafka und Max Brod angehörten. Sie versuchten, in Prag ein eigenes jüdisches kulturelles Leben in Kunst, Literatur und Philosophie zu schaffen, liberal, nicht orthodox, das auch offen sein sollte gegenüber anderen, zumal deutschen philosophischen Strömungen. Bergmann versuchte,

Einstein für den Zionismus gewinnen, aber der war zu dieser Zeit noch nicht daran interessiert.

Die Begegnung mit Einstein hat Max Brod dazu bewogen, die Figur des Johannes Kepler in seinem Roman *Tycho Brahes Weg zu Gott* nach dem Bild Einsteins zu formen. Die Gegenüberstellung der beiden Astronomen enthält den Konflikt zwischen dem erfahrenen Älteren, der das alte Weltbild nicht ganz aufgeben will, und dem jungen schöpferischen Geist, dem die Lösung des Rätsels der Planetenbewegung gelingt, indem er die alte Vorstellung von der Erde als Mittelpunkt der Welt aufgibt. Tycho beneidet Kepler um seine selbstverständliche, anständige, menschenwürdige Art, mit der Kepler berühmt geworden war. Allerdings charakterisiert Brod ihn auch als gefühllos und kalt. Er lässt Tycho sagen:

> »Du nimmst auf nichts Rücksicht, gehst deinen heiligen Weg geradeaus […] du dienst eigentlich nicht der Wahrheit, sondern nur dir selbst, das ist deine Reinheit und Unberührtheit«.

Bei der Frage, ob man den Fürsten und der Bibel zu Liebe das alte geozentrische System beibehalten sollte, scheiden sich die Geister, und Kepler kennt solche Rücksichten nicht: »wir haben nur der Wahrheit zu Gefallen zu sein und sonst niemandem« ist sein (und Brods) Bekenntnis zur kopernikanischen Wende, der Revolution des geozentrischen Weltbildes. In Einsteins Relativitätstheorie sah Brod eine ähnliche Revolution.

Einstein selbst war aber schon unterwegs zu einer Erweiterung seiner Theorie. Er sah ihre Schwächen, während die Welt sich gerade daran gewöhnte, mit ihr zu leben. Die Theorie beschäftigte sich nur mit Bezugssystemen in gleichförmiger Bewegung, also ohne Kräfte. Was aber geschah unter dem Einfluss von Kräften, z. B. der Schwerkraft? Er dachte darüber nach, ob ein Lichtstrahl unter dem Einfluss der Schwerkraft von seiner Richtung abweicht, und fand, dass nach seinem Äquivalenzprinzip der Lichtstrahl in Richtung der Schwerkraft abgelenkt werden sollte, und dass man das Phänomen an sonnennahen Fixsternen bei einer Sonnenfinsternis beobachten könnte.

Einsteins Aufenthalt in Prag währte nur ein Jahr. Er hatte zwar ein schönes Institut und ein großzügiges Arbeitszimmer mit Blick auf einen großen Park, der von Spaziergängern belebt war. Als der österreichische Physiker Philipp Frank ihn dort besuchte, bemerkte er sarkastisch: »Sie sehen dort den Teil der Verrückten, der sich nicht mit der Quantenphysik beschäftigt«. Es war der Garten des psychiatrischen Krankenhauses, auf den sie blickten. Trotz der komfortablen Bedingungen im Institut war nach Einsteins Einschätzung aber das Leben nicht ganz so angenehm wie in der Schweiz.

> »Die Bevölkerung kann zum großen Teil nicht Deutsch, und benimmt sich gegen Deutsche feindlich. Auch sind die Studenten weniger intelligent und strebsam als in der Schweiz«,

schrieb er an Lucien Gavan. Auch die formellen Verhaltensnormen in der k. k. Monarchie waren Einstein ein Graus, er hasste »die Vornehm- und Wichtigtuerei und das Kastenwesen«. So wünschte er sich eine Rückkehr nach Zürich. Inzwischen war das eidgenössische Polytechnikum zur *Eidgenössischen Technischen Hochschule* (ETH), also einer richtigen Universität mit Promotionsrecht, umgewandelt worden und bot beste Arbeitsbedingungen, da sie nicht, wie die Universität Zürich, von einem Kanton, sondern von der ganzen Eidgenossenschaft finanziert wurde.

Einstein betrieb seine Berufung an die ETH zusammen mit seinen Freunden Marcel Grossmann und Heinrich Zangger. Zangger schrieb an den Bundespräsidenten Ludwig Forrer, Gutachten aus aller Welt wurden eingeholt, und eine neue Professur für theoretische Physik wurde extra für Einstein geschaffen. Im Januar 1912 wurde er zum ersten Ordinarius für theoretische Physik an der ETH berufen. Er war weder zu allgemeinen Vorlesungen für Anfänger noch zu Laboratoriumsversuchen verpflichtet, musste nur gelegentlich Seminare oder Vorlesungen für wenige fortgeschrittene Studenten abhalten. Er hatte beste Arbeitsbedingungen und ein Spitzengehalt. Trotzdem dauerte seine Zeit an der ETH nur wenig mehr als ein Jahr. Denn die Koryphäen der Physik wollten ihn für Berlin gewinnen. Max Planck und Walter Nernst reisten nach Zürich, um Einstein ein Angebot zu machen.

Die Möglichkeit dazu bot ihnen eine neue Gesellschaft, die auf Initiative von Kaiser Wilhelm II. gegründet worden war, die *Kaiser-Wilhelm-Gesellschaft* (KWG). Hervorragende Gelehrte sollten als Mitglieder der Gesellschaft gewonnen werden und sich ohne Vorlesungsverpflichtungen ganz ihrer Forschung widmen. Es war für Bankiers, Industrielle und Kaufleute eine Ehre, Mitglied dieser Gesellschaft zu werden und große Beträge für die wissenschaftliche Forschung zu spenden.

Die Mission der beiden Abgesandten war es, Einstein für Berlin zu gewinnen. Es gab zwar noch kein Institut für Physik, aber Einstein sollte der Direktor des zu schaffenden Kaiser-Wilhelm-Instituts für Physik, gleichzeitig Mitglied der Preußischen Akademie der Wissenschaften und Professor ohne Lehrverpflichtung an der von Wilhelm von Humboldt gegründeten Berliner Universität werden. Sein erstes Gehalt sollte von der Akademie und ein zweites von dem Bankier Leopold Koppel kommen.

Die beiden Berliner beschrieben Einstein lebhaft die Vorteile einer Tätigkeit in Berlin. Er könne frei von Lehrverpflichtungen sich ganz seiner Forschung widmen, könne aber im Gespräch mit den vielen bedeutenden Physikern, Mathematikern und Chemikern am Ort Anregungen für seine Arbeit gewinnen.

Einstein erbat eine Bedenkzeit von 24 Stunden, die die Abgesandten mit ihren Frauen zu einem Ausflug auf den Berg Rigi mit Aussicht auf den Vierwaldstätter See benutzten. Als der Zug abends in den Züricher Bahnhof einfuhr, winkte Einstein mit einem weißen Taschentuch, dem vereinbarten Zeichen für die Zustimmung. Einstein ging nach Berlin.

3.4 Die allgemeine Relativitätstheorie und Berlin

Im Frühjahr 1914 kam Einstein in Berlin an. Was bewog ihn dazu, seine fürstliche Stellung in seinem geliebten Zürich gegen eine ebenso hervorragende Position in Berlin einzutauschen? Seit seiner Aarauer Zeit hatte er die Vorzüge der demokratischen Schweiz im Vergleich zum deutschen Kaiserreich zu schätzen gelernt. Nun plötzlich war Berlin attraktiver, so attraktiv, dass er den Schweizer Behörden nicht einmal Gelegenheit gab, ihn in Verhandlungen zum Bleiben zu überreden.

Ein Grund war sicher die große Bedeutung, die die Wissenschaft und insbesondere die Physik in Berlin hatten. In einem

Brief an seine Cousine Elsa betont Albert die »kolossale Ehre«, die dieser Ruf für ihn bedeute, und die Freiheit, die ihm die völlig unabhängige Stellung an der Akademie biete. Der Weltruhm von Max Planck, Erfinder der Quantentheorie, die große Anzahl von bekannten Forschern an der Berliner Universität, die große Wertschätzung, die die Wissenschaftler in der Öffentlichkeit der Reichshauptstadt genossen, all das machte Berlin zu einem Mekka der naturwissenschaftlichen Forschung. Hinzu kamen die auf Einsteins Bedürfnisse zugeschnittenen Arbeitsbedingungen mit keinerlei Lehrverpflichtungen, keiner Verwaltungsarbeit, aber vollen Rechten in der Fakultät. Einstein sah hier die Chance, sich ganz überwiegend dem Abschluss seiner schwierigen Arbeit an der Allgemeinen Relativitätstheorie widmen zu können.

Das hätte wahrscheinlich schon genügt, um den Wechsel zu begründen. Ein weiterer entscheidender Punkt war die zerrüttete Ehe mit Mileva, von der er sich trennen wollte, und eine neue Liebe zu seiner Cousine Elsa, mit der er seit seiner Kindheit befreundet gewesen war. Ihr Vater Rudolf Einstein war ein Vetter von Alberts Vater Hermann. Ihre Vorfahren kamen aus derselben Großfamilie Einstein in Buchau wie Albert. Sie war von ihrem Mann Max Löwenthal im Jahre 1908 geschieden und lebte mit ihren beiden Töchtern in Berlin in einem Haus mit ihren Eltern. Schon während der Prager Zeit hatte Einstein sie bei einem Besuch in Berlin im April 1912 wiedergesehen und sich sofort in sie verliebt. Er habe sie in diesen wenigen Tagen so lieb gewonnen, dass er es kaum sagen könne, schrieb er damals aus Prag.

Einstein kam im März 1914 allein in Berlin an, Mileva mit den Kindern folgte erst im Mai. In der in Dahlem bezogenen Wohnung wurde es bald so ungemütlich, dass zuerst er und dann auch Mileva mit den Kindern auszogen und sich bei Freunden und Verwandten einquartierten. Zu diesem Zeitpunkt bestand die Ehe nur noch formal. Im Sommer 1914 beschloss Einstein, sich von Mileva zu trennen. Der Freund Michele Besso reiste aus Zürich an, um Mileva und die Kinder abzuholen, Einstein verabschiedete sie am Bahnhof. Am Tag darauf schrieb er an Elsa, die letzte Schlacht sei geschlagen, er habe am Bahnhof beim Abschied geheult, er wisse aber, dass es das Beste war, was er tun konnte, selbst wenn ihm die Kinder ganz entfremdet werden. Gegenüber Elsa betont er, jetzt habe sie den Beweis, dass er für sie Opfer bringen könne.

Nach Milevas Abreise fühlte sich Einstein befreit, die Arbeit an der Allgemeinen Relativitätstheorie wieder aufzunehmen. Seit der Veröffentlichung der Speziellen Relativitätstheorie 1905, während in der ganzen Welt die Meinungen über diese Theorie auseinandergingen, war ihm selbst klar, dass sie unvollständig war. Denn sie machte nur Aussagen über eine Welt ohne Kräfte, in der sich die Gegenstände geradlinig und gleichförmig bewegen. Schon zu dieser Zeit begann er zu überlegen, wie sich die Verhältnisse ändern, wenn eine Kraft auf die Körper wirkt. Die im Weltall und auf der Erde wirkende Schwerkraft oder Gravitation war für ihn die bedeutsamste Kraft.

Seit sieben Jahren beschäftigte er sich mit der Formulierung einer Theorie der Gravitation. Dabei war sein »glücklicher Moment«, als er im November 1907, nur zwei Jahre nach dem Wunderjahr 1905, auf seinem Stuhl im Patentamt in Bern saß. Später schrieb er:

> »Plötzlich hatte ich einen Einfall. Wenn sich eine Person im freien Fall befindet, wird sie ihr eigenes Gewicht nicht spüren. Ich war verblüfft. Dieses einfache Gedankenexperiment machte auf mich einen tiefen Eindruck. Es führte mich zu einer Theorie der Gravitation.«

Aus diesem Gedankenexperiment leitete Einstein ein Prinzip ab, auf dessen Fundament er die Allgemeine Relativitätstheorie aufbauen konnte: das Äquivalenzprinzip.

Wir können uns das Prinzip klar machen, wenn wir den »Einfall« Einsteins weiterführen: in einem ersten Experiment fällt ein Fahrstuhl von kosmischen Dimensionen, dessen Seil gerissen ist, frei herab. Im Fahrstuhl befinden sich Physiker, die in aller Ruhe ihre Experimente durchführen. Sie nehmen Füllfederhalter, Münzen und Schlüssel aus ihren Taschen und lassen sie los. Aber nichts passiert: Füllfederhalter, Münzen und Schlüssel bleiben in der Luft schweben, weil sie nach dem Newton'schen Gravitationsgesetz mit derselben Geschwindigkeit fallen wie der Fahrstuhl. Die Physiker mögen glauben, sie seien dem Schwerefeld der Erde entrückt und schwebten im leeren Raum.

In der Tat: sie können nicht entscheiden, ob sie sich in einem fallenden Fahrstuhl oder schwerelos im Weltall befinden.

Im zweiten Gedankenexperiment befinden sich die Physiker in einer Rakete im Weltall, die von ihren Turbinen mit konstanter Beschleunigung nach oben geschoben wird: sie spüren eine Kraft nach unten, alle Objekte fallen auf den Boden. Die Physiker können nicht unterscheiden, ob sie in einer auf der Erde stehenden Rakete oder einer mit konstanter Beschleunigung nach oben fahrenden Rakete stehen. Auf alle Objekte wirkt eine Kraft nach unten, entweder die Schwerkraft oder die durch die Raketenbewegung verursachte Trägheitskraft.

Das Äquivalenzprinzip, das man daraus ableiten kann, besagt, dass die der Gravitation unterliegende schwere Masse und die träge Masse eines Körpers äquivalent und nicht unterscheidbar sind. Allein aus diesem Prinzip lassen sich ohne eine mathematische Theorie mehrere Konsequenzen ableiten.

Die eine ist die Lichtablenkung im Schwerefeld. Wenn ein Lichtstrahl in einer nach oben beschleunigten Rakete von einer Seitenwand der Rakete horizontal zur gegenüberliegenden Wand geschickt wird, so wird sich, von außen betrachtet, der Lichtstrahl nach unten krümmen, weil sich die Rakete während der Transitzeit von einer zur anderen Wand beschleunigt nach oben bewegt hat. Wegen der Äquivalenz von Beschleunigung und Gravitation bedeutet das, dass der Lichtstrahl auch im Schwerefeld einer Masse zu dieser hin abgelenkt wird. Das könnte man bei einer Sonnenfinsternis an Sternen in der Nähe des Sonnenrandes beobachten.

Eine zweite Folgerung konnte er aus dem Äquivalenzprinzip unmittelbar ableiten: eine kleine Verlangsamung des Gangs von Uhren, die sich in einem starken Schwerefeld befinden. Das Äquivalenzprinzip besagt, dass die Schwerkraft äquivalent zu einer Beschleunigung einer Rakete ist, und in einer beschleunigten Rakete gehen die Uhren langsamer. Wenn aber die Uhren langsamer gehen, verschiebt sich auch die Zahl der Schwingungen pro Sekunde, d. h. die Frequenz einer Lichtwelle. Eine Spektrallinie eines Atoms, das sich in einem starken Schwerefeld befindet, ändert ihre Frequenz und damit ihre Farbe: von violett zu blau, oder von blau zu grün, oder von grün zu gelb und rot. Für Spektrallinien, die von der Oberfläche der Sonne ausgesandt werden, könnte diese gravitative Rotverschiebung messbar sein. Sie ist aber viel kleiner als die klassische Rotverschiebung des Lichts von Sternen, die sich von der Erde entfernen.

Während der Zeit als Professor in Prag konnte sich Einstein der Erweiterung der Relativitätstheorie wegen der vielfältigen lästigen Verpflichtungen zu Vorlesungen und Fakultätssitzungen nicht widmen. Aber immerhin konnte er sich mit dem befreundeten Mathematiker Georg Pick darüber unterhalten, mit welchen mathematischen Methoden man dieses Problem angehen könnte. Pick kannte sich mit der Erweiterung der euklidischen Geometrie durch die Differentialgeometrie der Mathematiker Bernhard Riemann, Gregorio Ricci-Curbastro und Tullio Levi-Cività aus. In dieser mathematischen Disziplin kann der Raum gekrümmt sein, die Winkelsumme im Dreieck ist nicht mehr 180 Grad. Mit dieser Mathematik musste sich Einstein beschäftigen.

Zudem fand er Zeit, die wichtigste Konsequenz aus dem Äquivalenzprinzip, die Ablenkung des Sternenlichts im Schwerefeld der Sonne, zu berechnen und im Juni 1911 in den *Annalen der Physik* zu publizieren. Bei einer totalen Sonnenfinsternis sollte sich die Position der Sterne, die am Rande der Sonne sichtbar sind, für den irdischen Betrachter nach außen verschieben. Einstein berechnete die Ablenkung des Lichtstrahls eines solchen Sterns. Er publizierte den gefundenen Wert der Winkeländerung mit 0,87 Bogensekunden, obwohl er kurz vor der Veröffentlichung entdeckt hatte, dass die Rechnung noch auf der Newton'schen Theorie, ergänzt durch das Äquivalenzprinzip, beruhte. Das störte ihn nicht. Seine Maxime war: »Wer noch nie einen Fehler gemacht hat, hat sich noch nie an etwas Neuem versucht.«

Einstein meinte, die Astronomen mögen sich mit dieser Frage beschäftigen und sie experimentell klären, auch wenn diese Überlegungen »abenteuerlich« erscheinen sollten. Später, nachdem die Allgemeine Relativitätstheorie fertiggestellt war, stellte Einstein fest, dass dieser Wert falsch war und in Wirklichkeit doppelt so groß sein musste.

Nach der Rückkehr aus Prag nach Zürich 1912 machte er sich an die mathematische Ausarbeitung seiner Gravitationstheorie. Wie wir heute aus seinem wissenschaftlichen Tagebuch wissen, versuchte er die Mathematik der gekrümmten Räume, von der er in Prag gehört hatte, für seine Theorie der Gravitation zu verwenden. Das gestaltete sich als äußerst schwierig, weil er das mathematische Rüstzeug dazu nicht hatte. So wandte er sich in seiner Not an seinen Freund Marcel Grossmann, der inzwischen Mathematik-Professor an der ETH war und der ihn in die »Tensor-Rechnung« der Differentialgeometrie einführte. Hier wird die uns seit der Schulzeit geläufige Euklidische Geometrie erweitert. In einer euklidischen Ebene – einem Papierbogen – treffen sich zwei Parallelen »im Unendlichen«, die Winkelsumme eines Dreiecks beträgt 180 Grad und der Abstand zwischen zwei Punkten ist die Länge der Geraden zwischen den beiden Punkten. All das ist nicht mehr der Fall, wenn das Papier gekrümmt wird und etwa die Form einer Kugeloberfläche annimmt. Dann ist die kürzeste Verbindungslinie zwischen zwei Punkten keine Gerade, sondern die geodätische Linie. Entsprechend kann auch der dreidimensionale Raum gekrümmt sein, ebenso der vierdimensionale Minkowski-Raum, in dem sich die Spezielle Relativitätstheorie abspielt. Natürlich ist das schwer vorstellbar und nur mathematisch exakt zu beschreiben. Die Abstände zwischen zwei Punkten in solchen Räumen werden durch eine sog. Metrik bestimmt, und es war die Idee von Einstein, dass diese Metrik von den Massen bestimmt wird, die sich im Raum befinden.

Aus dem Züricher Tagebuch geht hervor, dass Einstein schon 1912 auf die richtige Form der Feldgleichungen der Gravitation gestoßen war, diese aber dann wieder verwarf. Er begann die Suche nach den »richtigen« Gleichungen ganz von vorne und fiel in eine Phase der Schaffenswut. Er arbeitete sich durch das Dickicht der Tensorrechnung und lehnte alle Ablenkungen wie z. B. Einladungen zu Vorträgen ab. Er habe sich im Leben noch nie so geplagt wie mit dieser Gravitationstheorie, dagegen sei die Spezielle Relativitätstheorie eine Kinderei, schreibt er an Max Planck. Es sollte noch drei Jahre harter Arbeit mit vielen Irrwegen erfordern, um zur endgültigen Form der Theorie zu gelangen.

Unterbrochen wurde die Arbeit durch den Umzug nach Berlin und die Trennung von Mileva. Danach war der Weg wieder frei für ununterbrochene intensive Arbeit des Junggesellen Albert. Er schonte sich nicht, arbeitete wie ein Ross, rauchte wie ein Schlot, aß ohne Überlegung und schlief unregelmäßig, wie er seiner Freundin Elsa berichtete. Nach einem weiteren Jahr sah er Land: er hatte eine endgültige Form der Feldgleichungen gefunden.

Am 25. November 1915 trug Einstein vor der Preußischen Akademie sein Ergebnis über *Die Feldgleichungen der Gravitation* vor und schloss triumphierend und erleichtert mit dem Satz: »Damit ist endlich die allgemeine Relativitätstheorie als logisches Gebäude abgeschlossen«.

Die Theorie schuf eine neue Vorstellung vom Raum und Zeit: der Raum, so schloss Einstein, hat eine Geometrie, die von den darin befindlichen Massen bestimmt wird. Es sind die Massen, die die Krümmung des Raumes erzeugen. Einstein wiederholte die experimentellen Konsequenzen, die aus der Theorie folgten: er konnte die Abweichungen der Bahn des Planeten Merkur von der Kepler'schen Ellipsenform erklären. Die Bahn ist keine geschlossene Ellipse, sondern der sonnennächste Punkt der Bahn, das »Perihel«, wandert im Jahrhundert um einen winzigen Winkelbetrag um die Sonne. Der größere Teil dieser Anomalie kann mit dem Einfluss der anderen Planeten erklärt werden, aber es bleibt ein Rest. Einstein konnte berechnen, dass dieser Rest der Periheldrehung exakt durch die Allgemeine Relativitätstheorie erklärt wird, während er in der Newton-Kepler'schen Mechanik unerklärlich ist.

Die zweite spektakuläre Folgerung aus der Theorie war die schon früher von Einstein berechnete Lichtablenkung im Schwerefeld der Sonne. Die Bahnen des Lichts in der Nähe der Sonne sind keine Geraden, sondern sie sind gekrümmt und werden zur Sonne hin gebogen. Die Winkelabweichung nach der endgültigen Theorie war doppelt so groß wie in der früheren Arbeit und sollte bei einer Sonnenfinsternis beobachtbar sein. Während des Krieges war an eine solche Expedition nicht zu denken, aber es war bekannt, dass im März 1919 eine totale Sonnenfinsternis besonders günstige Beobachtungsbedingungen bieten würde, weil besonders helle Sterne in der Nähe der Sonne stehen würden. Schon drei Wochen nach dem Waffenstillstand im November 1918 kündigte Arthur Eddington in der *British Astronomical Association* an, die Gesellschaft plane zwei Expeditionen, um die Lichtablenkung nahe der Sonne zu beobachten. Eddington war Quäker, einer Religionsgemeinschaft, die auch während des Krieges versuchte, keinen Hass auf die deutschen Feinde zu entwickeln. Für ihn war die Wissenschaft eine Brücke für die Verständigung zwischen den Völkern, und die Bestätigung der Theorie eines deutschen Gelehrten war ihm gerade recht. So rüstete die *Astronomical Association* in London zwei Expeditionen zu den Orten aus, an denen die totale Sonnenfinsternis beobachtet werden konnte. Die eine Expedition ging nach der Insel Príncipe im Golf von Guinea, einer portugiesischen Kolonie, die andere nach Sobral im Norden Brasiliens. Eddington nahm selbst an der Expedition nach Príncipe teil. Obwohl das Wetter an diesem Tag ungünstig und zu Beginn der totalen Finsternis die Korona der Sonne teilweise hinter Wolken verborgen war, konnten die Astronomen die 300 Sekunden der totalen Finsternis nutzen, um 16 Fotoplatten zu belichten. Auf vielen Aufnahmen waren wichtige Sterne durch Wolken verborgen, aber auf einer Fotoplatte waren fünf helle Sterne zu sehen, die ausreichten, um die Ablenkung zu messen. Auch die Astronomen der Expedition nach Brasilien brachten verwertbare Fotoplatten nach Hause.

Nach der Rückkehr nach London verglichen die Astronomen die Aufnahmen dieser Sterne bei früheren Beobachtungen am nächtlichen Himmel mit den bei der Sonnenfinsternis gewonnenen Bildern. Dabei zeigte sich, dass die Sterne auf den Fotoplatten der Sonnenfinsternis in der Tat weiter von der Sonne entfernt waren als auf den sonnenlosen Nachtbildern. Die gemessenen Verschiebungen aus den zwei Beobachtungen betrugen 1,6 bzw. 1,98 Bogensekunden mit einer Unsicherheit von etwa 0,3 Bogensekunden. Das Ergebnis entsprach ziemlich genau dem von Einstein vorhergesagten Wert von 1,7 Bogensekunden.

Für den 6. November 1919 kündigen die *Royal Society* und die *Royal Astronomical Society* eine gemeinsame Sitzung an, in der die Ergebnisse der beiden Expeditionen zu den Beobachtungen der Sonnenfinsternis bekanntgegeben werden sollten.

Bei der Sitzung verkündete der königliche Astronom (*Astronomer Royal*), dass die Beobachtungen der Expeditionen die Theorie der Gravitation von Einstein bestätigten. In dieser traditionellen Zeremonie vor dem Bildnis Isaac Newtons erfuhr die wissenschaftliche Gesellschaft – und bald darauf die Welt – dass nach 200 Jahren die Mechanik Newtons verändert werden musste, und zwar ausgerechnet aufgrund einer Theorie, die im feindlichen Deutschland entwickelt worden war. Der Präsident der Royal Society, Sir J. J. Thompson, leitete die Sitzung mit den Worten ein: »Die Lehre Einsteins ist eine der größten Leistungen des menschlichen Denkens«. Im Verlauf der Sitzung gab er aber zu, dass er den Sinn der Einstein'schen Theorie nicht verstanden habe.

Am nächsten Tag machte die Londoner Times mit der Schlagzeile auf: »Revolution in der Wissenschaft. Neue Theorie des Universums. Newtons Auffassung kollabiert.« Auch die New York Times brachte die Nachricht auf der ersten Seite, mit Verzögerung folgten die deutschen Zeitungen. Auf der Titelseite der *Berliner Illustrirten Zeitung* im Dezember lautete der Text unter einem Bild von Einstein:

»Eine neue Größe der Weltgeschichte: Albert Einstein, dessen Forschungen eine völlige Umwälzung unserer Naturbetrachtung bedeuten und den Erkenntnissen eines Kopernikus, Kepler und Newton gleichwertig sind.«

Isaac Newton war vom Thron gestoßen, Einstein war endgültig zur weltbekannten Figur geworden, jede Äußerung aus seinem Munde wurde von der Presse begierig aufgenommen, und zwar zu jedem beliebigen Thema.

Die große Publizität der Relativitätstheorie beruhte auch darauf, dass die Menschen nach vier Jahren Krieg und Revolutionen in Russland und Deutschland zutiefst verunsichert waren und nun den Eindruck hatten, dass auch in der Wissenschaft die alte Ordnung ins Wanken geriet. Aufgrund eines Missverständnisses erfanden Journalisten den Slogan »Alles ist relativ«, der dann auch noch zur »Umwertung aller Werte« umgedeutet wurde. Die politische Lage 1919 passte zu solchen weitreichenden Interpretationen.

Berliner Illustrirte 1919: Eine neue Größe der Weltgeschichte

3.4 Die allgemeine Relativitätstheorie und Berlin

Einstein in der Bibliothek des Kaiser-Wilhelm-Instituts für Physik 1921

Die Allgemeine Relativitätstheorie, die durch die Experimente zur Lichtablenkung glänzend bestätigt worden war, beruhte auf den von Einstein so genannten Äquivalenzprinzipien. Viele weitere Folgerungen aus der Theorie waren zu diesem Zeitpunkt noch nicht nachweisbar. Erst im Laufe des Jahrhunderts stellte sich die ganze Tragweite des Gedankengebäudes heraus.

Folgerungen aus der Allgemeinen Relativitätstheorie

Die Folgerungen sind weitreichend: es wurde jetzt möglich, die Entwicklung des Universums zu beschreiben, und dabei stellte sich heraus, dass es sich ausdehnt. Das ergibt sich aus der Rotverschiebung der von Sternen ausgesandten Spektrallinien, die von den Astronomen Milton Humason und Edwin Hubble 1927 bzw. 1929 entdeckt wurde. Je weiter sie entfernt sind, desto schneller bewegen sie sich von uns weg und desto mehr wird das von ihnen ausgesandte Licht zum roten Ende des Spektrums der Wellenlängen verschoben. Nun ist unser Standort nicht maßgeblich, vielmehr ist jeder Standort in dem endlichen, aber unbegrenzten Universum gleichberechtigt. Jede Galaxie entfernt sich von jeder anderen mit einer Geschwindigkeit proportional zur Entfernung, so wie zwei Punkte auf der Oberfläche eines expandierenden Luftballons. Wenn dies so ist, müssen die Galaxien ursprünglich einmal eng beieinander gewesen sein. Aus der Hubble-Konstanten berechnet man, dass dies vor etwa 13,2 Milliarden Jahren der Fall war. Damals fand also der »Urknall« statt.

Weiterhin ergibt sich aus der Allgemeinen Relativitätstheorie, dass eine sehr große Masse Licht auf Dauer einfangen kann, dass es also »Schwarze Löcher« geben kann, die dann tatsächlich gefunden wurden. Auch im Zentrum unserer Milchstraße sitzt ein solches Schwarzes Loch mit 3,8 Millionen Sonnenmassen, um das die Sterne in seiner Nähe kreisen, wie Reinhard Genzel vom Münchner Max-Planck-Institut für extraterrestrische Physik mit Infrarot-Teleskopen beobachtet hat.

Einen deutlichen Hinweis auf den Urknall gab die Entdeckung der kosmischen Hintergrundstrahlung durch Penzias und Wilson (1965). Aus allen Richtungen trifft diese Mikrowellenstrahlung auf die Erde. Die Temperatur dieser Strahlung entspricht 2,7 Grad über dem absoluten Nullpunkt von minus 273 Grad Celsius. Wir betrachten sie als die abgekühlten Lichtteilchen aus einer fernen Urzeit, nur etwa 380 000 Jahre nach dem Urknall. Sie verraten uns, wie die Bildung der Materieklumpen vor sich ging. Die Temperatur dieser Strahlung zeigt winzige Schwankungen um 1/100 000 Grad. Daraus schließen wir, wie viel Materie der uns bekannten Art damals vorhanden war: es sind nur vier Prozent der gesamten Masse des Universums. Der Rest, dessen Natur wir noch nicht kennen, besteht aus nicht leuchtender »dunkler« Materie und, wie sich in den letzten Jahren gezeigt hat, aus der rätselhaften dunklen Energie.

Diese Erkenntnisse über die Entstehung des Universums haben unser Weltbild völlig verändert. Auch die Philosophie und die Theologie beschäftigt diese Frage. Andererseits hat die Relativitätstheorie auch ganz praktische Auswirkungen: kurzlebige Teilchen, die durch die kosmische Höhenstrahlung in 10 Kilometer Höhe am Rande der Atmosphäre erzeugt werden, kommen durch die Zeitdehnung auf der Erdoberfläche an, obwohl sie nach viel kürzerer Wegstrecke zerfallen sollten; wir können Maschinen bauen, die Teilchen bis nahe an die Lichtgeschwindigkeit beschleunigen; das satellitengestützte GPS-System würde ohne die Relativitätstheorie nicht funktionieren; in Kernkraftwerken wird Masse in Wärme und Elektrizität verwandelt.

Einstein selbst hat einmal die Allgemeine Relativitätstheorie so zusammengefasst:

> »früher dachte man, wenn man aus dem Weihnachtszimmer alle Gegenstände entfernt, hat man einen leeren Raum. Jetzt wissen wir: wenn wir alle Massen herausnehmen, gibt es keinen Raum mehr.«

Er vermutete hinter den Gesetzen der Natur einen Plan, und diesen wollte er aufdecken. Er »wollte verstehen, wie der Alte die Welt gemacht hat.«

3.5 Heisenbergs Durchbruch zur Quantenmechanik

Während Einstein sich mit den größten Strukturen beschäftigte und die Physik des Kosmos auf eine neue Grundlage stellte, Interessierte sich Werner Heisenberg für die kleinsten Bausteine der Materie, die Atome. Er war schon seit seinen Studienzeiten bei Sommerfeld überzeugt, dass die Bohr'sche Vorstellung von Elektronen, die sich um den Atomkern auf Kreisbahnen bewegen, nicht richtig sein konnte. Auch die Erweiterungen des Atommodells durch Sommerfeld, an denen er selbst als Student teilgenommen hatte, änderten nichts an der grundsätzlichen Schwierigkeit, dass elementare physikalische Prinzipien durch diesen Ansatz verletzt waren: die Bahnen waren nicht stabil, wurden nur durch dadurch stabil gehalten, dass Bohr die Newton'sche Mechanik um einige willkürliche Quantenbedingungen ergänzte. Danach sollte jedes Elektron eine eigene Bohr'sche Bahn einnehmen, die durch Quantenzahlen charakterisiert war.

Und selbst wenn man die Quantenbedingungen als Postulate hinnahm, zeigten sich viele Schwierigkeiten bei der Interpretation der von den Atomen ausgesandten Linienspektren. Manche Phänomene konnte Heisenberg nur erklären, wenn er zur Charakterisierung der Bahnen anstelle ganzer Zahlen, wie von Bohr angenommen, halbe Zahlen als Quantenzahlen verwendete.

Auch wenn man das Verhalten der Atome in einem Magnetfeld untersuchte, ergaben sich Schwierigkeiten. Die im Spektrographen beobachteten Linienspektren veränderten sich, die Linien spalteten sich auf und verschoben sich, wie von dem holländischen Physiker Zeeman zuerst entdeckt worden war. Die Interpretation des Zeeman-Effektes beschäftigte Heisenberg lange Zeit, und dabei tauchten Probleme auf. Er bezeichnete dieses Thema als sein »Zeemangemüse«.

Noch größere Schwierigkeiten zeigten sich, wenn man nicht nur ein einzelnes Elektron um den Kern kreisen ließ wie beim Wasserstoffatom, sondern zwei Elektronen beim Helium-Atom. Wie sollten diese zwei Elektronen aufeinander wirken? Paul Dirac, dem der Nachweis der Verbindung von Relativitätstheorie und Quantenmechanik gelingen sollte, schrieb später:

> »Die jungen Leute versuchten damals, das Heliumatom zu beschreiben, indem sie eine Theorie der Wechselwirkung der Bohr'schen Bahnen aufstellten, und zweifelsohne hätten sie die Anstrengungen in dieser Richtung fortgesetzt, wenn nicht Heisenberg und Schrödinger aufgetreten wären. Sie hätten einfach jahrzehntelang mit wechselwirkenden Bohr'schen Bahnen gerechnet und viele Leute hätten sich mit dieser Aufgabe beschäftigt und unabhängig voneinander ihre Annahmen verändert, um die Ergebnisse ihrer Rechnungen mit den neuesten experimentellen Daten zu vergleichen.«

Energieerhaltung und Compton-Effekt

Selbst der Doyen der Atomtheoretiker, Niels Bohr in Kopenhagen, den alle jungen Physiker als Autorität verehrten, wusste nicht weiter. Im Februar 1925 sagte er in einem Vortrag:

> »Bei den Versuchen, eine atomistische Deutung der direkt beobachtbaren Phänomene zu entwickeln [...] mussten wir die Vorstellungen aufge-

ben, auf denen die bisherige Beschreibung der Naturphänomene beruht. Unsere gegenwärtigen Begriffe erlauben uns keine Beschreibung atomarer Vorgänge, die das Gesetz der Energieerhaltung befolgen, das eine so zentrale Rolle in der klassischen Physik besitzt.«

Er dachte darüber nach, ob man dieses geheiligte Prinzip teilweise aufgeben müsse. Bohr spekulierte, dass das Gesetz nur für statistische Mittelwerte gelten sollte, in einzelnen Elementarprozessen aber verletzt sein könnte, und publizierte mit seinen Assistenten Kramers und Slater eine entsprechende theoretische Arbeit.

Ein solcher Elementarprozess war die Streuung von Röntgen-Licht an Elektronen, der sogenannte Compton-Effekt. Dabei veränderte das Licht seine Wellenlänge. Wenn Einsteins Hypothese von der Quantennatur des Lichts, also der Existenz von Energiepaketen des Lichts in Form von Photonen, richtig war und wenn die Energie und der Impuls in jedem elementaren Prozess erhalten waren, dann konnte man das experimentell nachprüfen. Walther Bothe und Hans Geiger in Berlin hatten die Idee, das gestreute Photon und das angestoßene Elektron nachzuweisen und festzustellen, ob diese beiden Reaktionspartner gleichzeitig auftraten. Sie erfanden die »Koinzidenzmethode«, die Bothe den Nobelpreis 1954 einbrachte. Es zeigte sich in dem Experiment, dass Energie und Impuls im einzelnen Elementarprozess erhalten waren und Bohrs Ausweg ein Irrweg war. Trotzdem hielt er daran fest, dass »die korpuskulare Natur der Strahlung einer ausreichenden Grundlage entbehre«, zog aber eine entsprechende Arbeit zurück.

Wolfgang Pauli in Hamburg war froh über die Bestätigung der Quantennatur des Lichtes und des Energieerhaltungssatzes beim Compton-Effekt und auch darüber, dass dadurch vermieden wurde, dass sich die Bohr-Kramers-Slater-Theorie länger gehalten und den Fortschritt der Physik gehemmt hätte. Aber auch er wusste keinen Ausweg aus der verfahrenen Lage.

»Die Physik ist momentan wieder einmal sehr verfahren. Für mich ist sie jedenfalls viel zu schwer, und ich wollte, ich wäre Filmkomiker oder sonst etwas und hätte nie etwas von Physik gehört. Nun hoffe ich aber, dass Bohr uns mit einer neuen Idee rettet. Ich lasse ihn dringend darum bitten«, schreibt er im Mai 1925 an Bohrs Assistenten Ralph Kronig nach Kopenhagen. Aber die Rettung sollte nicht von dort, sondern aus Göttingen und Helgoland kommen.

Schaffensrausch auf Helgoland

Der 23-jährige Heisenberg, der Assistent von Born und bereits Privatdozent in Göttingen war, litt im Frühjahr 1925 an einem hartnäckigen Heuschnupfen. Um sich von blühenden Sträuchern möglichst weit zu entfernen, fuhr er im Juni auf die Nordseeinsel Helgoland. Dort geriet er in einen wahren Schaffensrausch. Er vergleicht das in seinen Erinnerungen mit einer seiner Wanderungen im Gebirge. Beim Aufsteigen wurde der Nebel immer dichter, die Gruppe kam in ein völlig unübersichtliches Gewirr von Felsen und Latschenkiefern, in dem sie keinen Weg mehr erkennen konnten. Trotzdem stiegen sie weiter, der Nebel wurde dichter, aber von oben kam mehr Licht. Und nach weiterem scharfem Anstieg standen sie auf einer Sattelhöhe über dem Nebelmeer in der Sonne der Erkenntnis.

Die fundamentale Idee, die Heisenberg auf Helgoland hatte, bestand darin, die Elektronenbahnen völlig zu ignorieren und sich ausschließlich auf beobachtbare Größen zu beziehen, also die Gesamtheit der Schwingungsfrequenzen und Intensitäten des von den Atomen ausgesandten Lichts, d. h. der im Spektrographen gemessenen Linienspektren. Er hatte in Göttingen schon versucht, dieses Prinzip auf das einfachste Atom anzuwenden, aber dieses Problem erwies sich damals als zu schwierig. Nun suchte er nach einem einfacheren System, bei dem er die Methode mathematisch bewältigen konnte. Das war das Pendel, das als Modell von Schwingungen in vielen Atomen und Molekülen vorkommt. Es wird als anharmonischer Oszillator bezeichnet.

Die beobachtbaren Größen, die in der Mechanik eine Rolle spielen, bezeichnete Heisenberg als Observable, z. B. den Ort eines Teilchens und seine Geschwindigkeit oder das Produkt aus Geschwindigkeit und Masse, den Impuls.

Er erinnerte sich vermutlich an seine Doktorprüfung über das Mikroskop, wo man die Grenze der Auflösung darin sehen konnte, dass ein Objekt, das kleiner war als die Wellenlänge

3.5 Heisenbergs Durchbruch zur Quantenmechanik

Heisenberg 1925

des Lichts, mit dem man das Objekt beleuchtete, nicht detailliert »gesehen« werden konnte. Wenn man bei diesem Gedankenexperiment den Ort und den Impuls eines Objekts messen wollte, spielte es offenbar eine Rolle, ob man zuerst den Ort maß und dabei durch das Lichtquant dem Objekt einen Stoß versetzte und anschließend den Impuls feststellte, oder ob man die Messung in der umgekehrten Reihenfolge vornahm. Das Produkt der beiden Messvorgänge oder »Operationen« war also verschieden, wenn man die Reihenfolge der Operationen vertauschte. Das Produkt Ort mal Impuls war nicht gleich dem Produkt Impuls mal Ort. Die beiden Observablen waren nicht vertauschbar.

Bei einfachen Zahlen kommt so etwas nicht vor, sie sind vertauschbar, a x b ist gleich b x a. Wenn man aber vier Zahlen als »Matrix« A quadratisch anordnet und für solche Matrizen Regeln für die Multiplikation festlegt, dann sind die Matrizen A und B grundsätzlich nicht mehr vertauschbar.

Diesen Schritt vollzog Heisenberg, obwohl er noch gar nicht wusste, was Matrizen in der Mathematik bedeuten. Er konnte den anharmonischen Oszillator mit seiner neuen Mechanik berechnen, aber er wusste noch nicht, ob seine neue Methode widerspruchsfrei war, und ob insbesondere der Satz von der Energieerhaltung in dieser neuen Mechanik gültig war. So konzentrierte er seine

> »Arbeit immer mehr auf die Frage nach der Gültigkeit des Energiesatzes, und eines Abends war ich soweit, dass ich daran gehen konnte, die einzelnen Terme der Energiematrix [...] zu bestimmen. Als sich bei den ersten Termen wirklich der Energiesatz bestätigte, geriet ich in eine gewisse Erregung, so dass ich bei den folgenden Rechnungen immer wieder Rechenfehler machte. Daher wurde es fast drei Uhr nachts, bis das endgültige Ergebnis der Rechnung vor mir lag. Der Energiesatz hatte sich in allen Gliedern als gültig erwiesen [...] Im ersten Augenblick war ich zutiefst erschrocken. Ich hatte das Gefühl, durch die Oberfläche der atomaren Erscheinungen hindurch auf einen tief darunter liegenden Grund von merkwürdiger innerer Schönheit zu schauen, und es wurde mir fast schwindlig bei dem Gedanken, dass ich nun dieser Fülle von mathematischen Strukturen nachgehen sollte, die die Natur dort unten vor mir ausgebreitet hatte.«

Heisenberg verließ erregt in der Morgendämmerung das Haus und kletterte auf einen Felsen an der Südspitze Helgolands, um den Sonnenaufgang zu erwarten.

Paul Dirac, der ein Jahr jünger als Heisenberg war und um diese Zeit auch über die Physik der Atome nachdachte, sagte später: dies war »die fundamentale Idee, die Heisenberg einfiel, nämlich dass man eine nicht vertauschende Algebra anwenden muss«. Im Rückblick äußerte sich Dirac im Jahre 1968 einmal euphorisch:

> »Ich habe den größten Anlass, Heisenberg zu bewundern. Er und ich waren Forschungsstudenten zur gleichen Zeit, ungefähr gleichen Alters, und wir arbeiteten an derselben Frage. Heisenberg hatte Erfolg, wo ich versagte. Zu der Zeit hatte sich eine große Zahl spektroskopischer Daten angehäuft, und Heisenberg fand den richtigen Weg, sie zu verstehen. Damit eröffnete er das goldene Zeitalter der theoretischen Physik, und einige Jahre danach fand es jeder zweitklassige Student nicht schwer, erstklassige Resultate zu erzielen.«

Abschluss in Göttingen

Heisenberg machte nach zehn Tagen auf Helgoland am 18. Juni 1925 auf dem Rückweg nach Göttingen in Hamburg bei Wolfgang Pauli Station, der ihn bestärkte, in der eingeschlagenen Richtung weiterzugehen. In Göttingen legte er Max Born sein Ergebnis vor und verfolgte die Idee weiter. Auf den Einwand Paulis, da gelte ja die klassische Mechanik nicht mehr, schreibt Heisenberg zurück: »Wenn so etwas wie die klassische Mechanik (gemeint ist – in der Mikrowelt –) gälte, wird man nie verstehen, dass es Atome gibt«. Am 24. Juni schrieb er einen 5-seitigen Brief an Pauli, in dessen zweitem Teil er dem Freund seine neue Idee erläutert, allerdings noch sehr zurückhaltend:

> »Über meine eigenen Arbeiten hab' ich fast keine Lust zu schreiben, weil mir selbst alles noch unklar ist und ich nur ungefähr ahne, wie es werden wird; aber vielleicht sind die Grundgedanken doch richtig. Grundsatz ist: Bei der Berechnung von irgendwelchen Größen als Energie, Frequenz u.s.w. dürfen nur Beziehungen zwischen prinzipiell kontrollierbaren Größen vorkommen.«

Es folgt die Berechnung des anharmonischen Oszillators, wie er sie auf Helgoland analysiert hatte, und die Formel für die Energiewerte der Quantenzustände.

> »Ich wäre Ihnen sehr dankbar, wenn Sie mir schreiben könnten, welche Argumente zugunsten dieser Formel sprechen. Abgesehen von der Quantenbedingung bin ich mit dem ganzen Schema noch nicht recht zufrieden.«

Zwei Wochen nach diesem ersten Brief zur Quantenmechanik hat Heisenberg das Manuskript seiner bahnbrechenden Arbeit *Über quantentheoretische Umdeutung kinematischer und mechanischer Beziehungen* fertiggestellt und schickt es mit einem zweiten Brief an Pauli in Hamburg. Er ist jetzt überzeugt, dass er die Bohr'schen Bahnen der Elektronen restlos umbringen und geeignet ersetzen kann. Er bittet ihn, das Manuskript in zwei bis drei Tagen mit scharfer Kritik zurückzuschicken, da er sie in den letzten Tagen seines Aufenthalts in Göttingen entweder fertigmachen oder verbrennen möchte. Das Vertrauensverhältnis zwischen Heisenberg und Pauli war so eng, dass sie sich alle Arbeiten vor der Veröffentlichung zur kritischen Lektüre zuschickten. Der Antwortbrief ging verloren, jedoch muss der sonst so gnadenlos kritische Pauli das Manuskript mit ermutigenden Kommentaren umgehend zurückgeschickt haben, denn Heisenberg zeigte es Max Born in den ersten Julitagen und veröffentlichte es nach Borns Zustimmung. In dieser Arbeit schlägt er vor, »die Hoffnung auf eine Beobachtung der bisher unbeobachtbaren Größen (wie Lage, Umlaufzeit des Elektrons) ganz aufzugeben« und zuzugeben, »dass die teilweise Übereinstimmung der Quantenregeln mit der Erfahrung mehr oder weniger zufällig sei.« Nach dieser Abrechnung mit den Bohr'schen Quantenbedingungen versucht er, eine

> »der klassischen Mechanik analoge quantentheoretische Mechanik auszubilden, in welcher nur Beziehungen zwischen beobachtbaren Größen vorkommen.«

Indem Heisenberg diese Arbeit im ersten Kapitel mit der Definition der kinematischen Begriffe der Quantenmechanik beginnt, lehnt er sich an die Arbeit Einsteins über die *Elektrodynamik bewegter Körper* an. Auch Einstein hatte Wert daraufgelegt, die Gleichungen der Elektrodynamik durch messbare Größen auszudrücken. Heisenberg schließt seine Arbeit mit der bescheidenen Bemerkung:

> »Ob eine Methode zur Bestimmung quantentheoretischer Daten durch Beziehungen zwischen beobachtbaren Größen [...] als befriedigend angesehen werden könnte, [...] wird sich erst durch eine tiefgreifende mathematische Untersuchung der hier oberflächlich benutzten Methode erkennen lassen.«

Max Born schrieb am 15. Juli 1925 an Einstein über seine glänzenden jungen Mitarbeiter Heisenberg, Jordan und Hund:

> »ich muss mich anstrengen, um ihnen bei ihren Überlegungen folgen zu können [...] Heisenbergs neue Arbeit, die bald erscheint, sieht sehr mystisch aus, ist aber sicher richtig und tief.«

Göttingen hatte Kopenhagen und München in der Quantenphysik überholt. In den nächsten Monaten erkannte Born »plötzlich«, dass die Methode Heisenbergs einem mathematischen Kalkül mit Matrizen entsprach, das er kannte. Es entstand die »Dreimännerarbeit«, in der Max Born mit Heisenberg und Pascual Jordan auf der Grundlage der Heisenberg'schen Ideen eine mathematisch fundierte vollständige theoretische Mechanik der Atome ausarbeitete, die die drei Autoren »Quantenmechanik« nannten.

Der erste, der Heisenbergs Methode mit Jubel begrüßte, war Pauli, der bemerkte, Heisenbergs Mechanik habe ihm wieder Lebensfreude und Hoffnung gegeben. Schwerer tat sich die etablierte Schule Bohrs in Kopenhagen, die noch zögerte, ihre Modelle aufzugeben. Aber die Nachricht von der neuen Theorie verbreitete sich schnell.

Gespräch mit Einstein

Heisenberg wurde mit einem Schlag berühmt, und die Professoren in der Berliner Hochburg der Physik wollten wissen, was sie von der neuen Quantentheorie halten sollten. Einstein war neugierig auf Heisenbergs »großes Quanten-Ei«, wie er die Theorie nannte. Er hatte an Frau Born geschrieben:

> »Die Heisenberg-Bornschen Gedanken halten alle in Atem, das Sinnen und Denken aller theoretisch interessierten Menschen [...] An die Stelle einer dumpfen Resignation ist eine bei uns Dickblütern einzigartige Spannung getreten.«

Er hatte Bedenken gegen einzelne Punkte der neuen Theorie, schrieb aber dann nicht an den Erfinder der Idee und auch nicht an seinen Briefpartner Max Born, sondern an Pascual Jordan, den jüngsten der Göttinger. Heisenberg bekam den Brief natürlich zu lesen und antwortete am 16. November 1925. Er gab dem »hochverehrten Herrn Professor« Einstein zu verstehen, wer der eigentliche Urheber der neuen Theorie war:

> »über Ihren so sehr freundlichen Brief an Jordan habe ich mich sehr gefreut; und da ich mich so einigermaßen für das mit dieser neuen Theorie angerichtete Unheil verantwortlich fühle, möchte ich Ihnen gern auf die Einwände Ihres Briefes antworten.«

Er ging auf die einzelnen Punkte ein und erwähnte, dass es Pauli gelungen war, die Balmerformel (für das Spektrum des Wasserstoff-Atoms) auf Grund der neuen Mechanik abzuleiten

»und die Rechnungen sind dabei kaum länger als in der bisherigen Theorie. Selbst wenn die versuchte neue Theorie zu größeren Komplikationen der Rechnungen Anlass gibt, so könnte man sich immerhin zwar denken, dass die Natur es eben ›nicht billiger tut‹.«

Er fährt fort:

> »Ich weiß nicht, ob Ihnen die Grundannahmen der Theorie von vornherein unsympathisch sind, aber mir schien eben eine Rettung aus dieser Häufung von Schwierigkeiten in den letzten Jahren der Quantentheorie garnicht möglich, wenn man sich nicht genau auf die prinzipiell beobachtbaren Größen besinnt; dass man dabei die Anschaulichkeit so ganz verliert, ist mir auch sehr schlimm vorgekommen und ich hab mich eine Zeit lang garnicht getraut, das Zeug zu publizieren. Aber ich hab mein Gewissen damit getröstet, dass es ja sicher keine Atome gäbe, wenn unsere Raum-Zeit-Begriffe in sehr kleinen Räumen auch nur annähernd richtig wären […] Mit vielen Grüßen von dem Prof. Franck bin ich Ihr aufrichtig ergebener W. Heisenberg.«

Die Berliner Physiker wollten es aber nun genauer wissen, und so wurde Heisenberg im April 1926 von Max von Laue zum Vortrag vor den versammelten Koryphäen in das Berliner physikalische Kolloquium eingeladen. Heisenberg bereitete sich sorgfältig auf diese Begegnung mit der großen Welt der Wissenschaft vor und stellte seine Theorie vor, indem er die ungewohnten neuen Begriffe möglichst klar zu definieren versuchte. Nach dem 2-stündigen Vortrag und der ausführlichen Diskussion mit den Zuhörern lud ihn Einstein nach Hause ein, um über die neuen Gedanken ausführlicher diskutieren zu können. Einstein erkannte sofort den wesentlichen Punkt: Heisenberg wolle die Bahnen der Elektronen ganz abschaffen, obwohl man solche Bahnen in einer Nebelkammer doch sehen könne. Heisenberg schilderte das Gespräch in seinen Erinnerungen *Der Teil und das Ganze*. Er entgegnete, die Bahnen der Elektronen im Atom könne man eben nicht beobachten, sondern nur die Übergänge zwischen Quantenzuständen der Elektronen, und die Gesamtheit der spektroskopischen Daten eines Atoms diene ihm als Ersatz für die Elektronenbahnen. Einstein habe ihm entgegengehalten, er könne doch nicht im Ernst eine physikalische Theorie nur auf beobachtbare Größen begründen. Heisenberg entgegnete, Einstein selbst habe bei der Begründung der Relativitätstheorie dieses Prinzip verwendet, als er die Zeit als etwas definierte, was durch Uhren gemessen wird. Das Argument wehrte Einstein nach Heisenbergs Erinnerung ab. Es möge vielleicht von heuristischem Wert sein, sich daran zu erinnern, was man wirklich beobachtet. Aber vom prinzipiellen Standpunkt aus sei es falsch, eine Theorie nur auf beobachtbare Größen gründen zu wollen. Denn es sei ja in Wirklichkeit genau umgekehrt. Erst die Theorie entscheide darüber, was man beobachten kann. Wir müssten die Naturgesetze wenigstens praktisch kennen, wenn wir behaupten wollen, dass wir etwas beobachtet haben. Nur die Theorie, das heißt die Kenntnis der Naturgesetze, erlaubt uns, aus dem sinnlichen Eindruck auf den zugrundeliegenden Vorgang zu schließen. Heisenberg war von dieser Einstellung Einsteins sehr überrascht, und das Gespräch drehte sich dann um die Interpretation der Ideen des Physikers und Philosophen Ernst Mach. Am Ende konnten sich die beiden nicht einigen, sondern Heisenberg schlug daher als Kompromiss vor, dass die mathematische Struktur der neuen Mechanik schon in Ordnung, aber der Zusammenhang mit der gewöhnlichen Sprache noch nicht hergestellt sei.

Ein weiterer Unterschied stellte sich im Laufe des Gesprächs heraus: Heisenberg redete darüber, was wir von der Natur wissen, während Einstein darauf bestand, man müsse davon reden, was die Natur wirklich tut. Dieser Unterschied ist tiefgehend: Einstein hatte die Vorstellung, die Theorie müsse die Realität der Natur erfassen, während Heisenberg sich durch das Verhalten der atomaren Systeme dazu gezwungen sah, nur zu verlangen, dass die Theorie unsere Beobachtungen richtig beschreibt. Einsteins Auffassung ist die der klassischen Physik des 19. Jahrhunderts: eine physikalische Theorie beschreibt die Realität der Vorgänge in der Natur und erlaubt uns, den Ablauf der Ereignisse exakt vorauszusagen. Die Prozesse sind determiniert, also festgelegt und eindeutig bestimmt. Wenn ich heute die Kepler'sche Bahn eines Planeten um die Sonne kenne, kann ich berechnen, wo sich der Planet in zehn oder 100 Jahren befinden wird. Da ich das Geburtsdatum von Goethe kenne, »am 28ten August 1749 mittags mit dem Glockenschlage zwölf in Frankfurt am Main«, kann ich den Sonnenstand zu dieser Zeit berechnen, ebenso kann man ermitteln, welche Sternbilder an den Iden des März des Jahres 44 am Himmel standen, als Caesar ermordet wurde. Beim elastischen Stoß zweier Bälle kann ich aus den Bedingungen vor dem Stoß genau berechnen, wohin jeder der Bälle nach dem Stoß fliegen wird.

In der Welt der Quanten ist dieser Determinismus aufgehoben. Beim Stoß eines Röntgenquants gegen ein ruhendes Elektron gelten zwar immer noch die Sätze von der Erhaltung der Energie und des Impulses, aber es ist nicht möglich, vorauszusagen, wohin nach dem Stoß das angestoßene Elektron und das in seiner Energie verschobene Röntgenquant fliegen werden.

Das Gespräch muss sehr lange gedauert haben. Es endete mit der Frage, welche Kriterien für die Wahrheit einer Theorie in der Physik gelten sollten, nur die Verifizierung durch Experimente oder auch die Einfachheit und Schönheit der mathematischen Formen als ästhetisches Wahrheitskriterium und als eine Form der Denkökonomie. Die angeschnittenen Fragen zum Realitätsgehalt einer Theorie und zum Determinismus bei Elementarprozessen wurden in den folgenden Jahren kontrovers diskutiert, oft standen dabei Bohr und Heisenberg auf der einen und Einstein auf der anderen Seite. Der Paradigmenwechsel in der Theorie der Atome war ein großer Schritt, den manche nicht bereit waren, mitzugehen.

3.6 Die Vollendung der neuen Quantentheorie

Im Oktober 1925 schrieb Wolfgang Pauli an Ralph Kronig in Kopenhagen begeistert über die Heisenberg'sche Mechanik, die ihm, wie er schreibt, »wieder Hoffnung gebe«, konnte sich aber trotzdem nicht bei seiner Kritik zurückhalten, sie werde die Lösung des Rätsels nicht bringen und man müsse sie vom Göttinger Gelehrsamkeitsschwall befreien. Erbost schickte Heisenberg, der den Brief zu lesen bekam, dem Freund eine grobe »Predigt auf Bayerisch«, er solle mit dem Pöbeln aufhören. Pauli nahm die Predigt ernst und machte sich daran, die Dreimännerarbeit genau zu lesen und als Paradebeispiel für die Anwendung der Theorie die Energieniveaus des einfachsten Atoms, des

Wasserstoffatoms, zu berechnen. Dieses Problem hatten die Göttinger bisher nicht lösen können, aber Pauli gelangte mit seiner souveränen mathematischen Fähigkeit in einer Woche zum Ergebnis. Heisenberg war begeistert, wie schnell Pauli dieses wichtige Resultat der neuen Theorie erzielt hatte. Die Gegner der Quantenmechanik, zu denen um diese Zeit auch Einstein gehörte, waren erstaunt, als es Wolfgang Pauli gelang, mit der Matrizenmethode die Energieniveaus des Wasserstoffatoms zu berechnen.

Noch wichtiger war für Heisenberg die im Dezember 1925 erschienene Arbeit von Paul Dirac in Cambridge über *The fundamental equations of Quantum Mechanics*. Heisenberg hatte bei seiner England-Reise im Sommer das Manuskript seiner ersten Arbeit über die neue Mechanik seinem Gastgeber Ralph Fowler überlassen, und der hatte es an seinen Doktoranden Dirac weitergegeben mit der Frage: »Was halten Sie davon?« Dirac entwickelte in kurzer Zeit eine alternative, mathematisch konsistente Formulierung der Theorie, die die Verbindung zur klassischen sogenannten Hamilton'schen Mechanik herstellte. An Heisenberg schickte er die Korrekturfahnen seiner Arbeit, und der las die »ungewöhnlich schöne Arbeit über Quantenmechanik mit dem größten Interesse«.

Die Schrödinger-Gleichung

Im März 1926, acht Monate nach Heisenbergs bahnbrechender Veröffentlichung, erschien eine weitere alternative Version der Quantenphysik, die »Wellenmechanik« des Wieners Ernst Schrödinger, Professor in Zürich. Schrödinger ging von der Idee des französischen Theoretikers Louis de Broglie aus, dass jedem Teilchen, auch dem Elektron, eine Welleneigenschaft zukomme. In zwei Mitteilungen an die *Annalen der Physik* zur *Quantisierung als Eigenwertproblem* erweiterte Schrödinger diese Vorstellung, indem er zeigte, dass man die Bohr'schen Bahnen der Elektronen im Atom dadurch konstruieren kann, dass man verlangt, dass die Länge der Kreisbahn ein ganzes Vielfaches der Wellenlänge ist, d. h., dass die Elektronenwellen in die Bahn hineinpassen. Wie bei einer schwingenden Saite gibt es Schwingungen ohne Knotenpunkt oder mit einem oder mehreren Knoten. Als Schrödinger diese Idee im Züricher Kolloquium vortrug, bemerkte sein Kollege Peter Debye, man müsse für dieses Phänomen eine Wellengleichung aufstellen. Das tat Schrödinger, und diese Wellengleichung bot eine elegante Lösung für das Wasserstoffatom, sie erlaubte die Berechnung der Energiezustände als Eigenwerte der Differentialgleichung. Die vom Atom ausgesandten Spektrallinien konnte man als Schwebungen der Frequenzen deuten, die zu den Energiezuständen gehörten, so wie beim gleichzeitigen Anspielen zweier Töne auf zwei Saiten einer Geige die Differenzfrequenzen als Schwebungen auftreten.

Die Resultate der Rechnung stimmten mit denen der quantenmechanischen Rechnung überein, aber in der Methode waren die Heisenberg'sche Quantenmechanik und Schrödingers Wellenmechanik oder sogenannte »Undulationsmechanik« völlig verschieden. Gemeinsam war den beiden Ansätzen die Erkenntnis,

> »dass im Atomverband den Elektronenbahnen selbst keinerlei ausgezeichnete Bedeutung zukommt, und noch weniger dem Ort des Elektrons auf seiner Bahn«,

wie Schrödinger schrieb. Heisenberg urteilte, der Inhalt von Schrödingers Arbeit müsse eng mit der Quantenmechanik zusammenhängen, und auch Schrödinger sah den Zusammenhang. Er war aber darauf bedacht, seine Arbeit von der der Göttinger abzugrenzen.

In seiner zweiten Mitteilung zitierte er die Arbeit von Heisenberg und die Dreimännerarbeit mit einer sehr gewundenen Erklärung:

> »Ich möchte an dieser Stelle die Tatsache nicht mit Schweigen übergehen, dass gegenwärtig von Seiten Heisenbergs, Borns und Jordans und einiger anderer hervorragender Forscher (gemeint ist Dirac) ein Versuch zur Beseitigung der Quantenschwierigkeit im Gange ist, der schon auf so beachtenswerte Erfolge hinzuweisen hat, dass es schwer wird, daran zu zweifeln, er enthalte jedenfalls einen Teil der Wahrheit. In der Tendenz steht der Heisenbergsche Versuch dem vorliegenden außerordentlich nahe, [...] In der Methode ist er so toto genere verschieden, dass es mir bisher nicht gelungen ist, das Verbindungsglied zu finden [...] Die Stärke des Heisenbergschen Programms liegt darin, dass es die Linienintensitäten zu geben verspricht, eine Frage, von der wir uns hier bisher ganz

ferngehalten haben. Die Stärke des vorliegenden Versuches liegt in dem leitenden physikalischen Gesichtspunkt, welcher die Brücke schlägt zwischen dem makroskopischen und dem mikroskopischen mechanischen Geschehen.«

Mit dieser Erklärung erkannte Schrödinger einerseits die Priorität Heisenbergs an, betonte aber, seine Wellenmechanik sei anschaulicher und stehe gleichberechtigt neben der Quantenmechanik. Er hoffte, seine Theorie könne klassisch interpretiert werden als Wellengleichung, und er könne solche ungewohnten neuen Begriffe wie Quantensprung vermeiden. Darunter versteht man die Tatsache, dass Elektronen im Atom von einem höheren Energiezustand in einen niedrigeren sprunghaft übergehen, wobei das Atom die Differenz der beiden Energien als Lichtquant aussendet. Alle Physiker, die mit der neuen Begrifflichkeit der Quantenmechanik und insbesondere mit der Abkehr vom deterministischen Weltbild unzufrieden waren, wie etwa Wilhelm Wien oder Einstein, sahen in Schrödingers Gleichung einen Ausweg. Nach einem Vortrag Schrödingers in München am 23. Juli 1926 war Wien begeistert und meinte, nun sei offenbar die These der Quantensprünge durch etwas Vernünftiges ersetzt. Heisenberg war eigens für den Vortrag von Kopenhagen nach München gereist und widersprach ebenso wie Sommerfeld. Wilhelm Wien empfand es als Kränkung, dass man nun nicht mit vollen Segeln ins Land der klassischen Physik zurücksteuerte, wie Heisenberg später schrieb. An Pauli schrieb er:

»Schrödinger wirft alles Quantentheoretische, nämlich den lichtelektrischen Effekt, die Franck'schen Stöße, den Stern-Gerlach-Effekt über Bord, dann ist es nicht schwer, eine Theorie zu machen.«

Und Sommerfeld pflichtete bei:

»Die Wellenmechanik ist eine bewunderungswürdige Mikromechanik, aber die fundamentalen Quantenrätsel werden dadurch nicht im Mindesten gelöst.«

Schrödinger in Kopenhagen

Die Zurückweisung durch den Experimentalphysiker Wien nach dem Schrödinger-Vortrag bedrückte Heisenberg so sehr, dass er Bohr um Hilfe bat. Der lud Schrödinger im Namen der dänischen Akademie ein, und Schrödinger sagte dankend zu, um über die »schweren und brennenden Fragen sprechen zu können«. Im der ersten Oktoberwoche 1926 traf er in Kopenhagen ein.

Es entwickelte sich ein leidenschaftlich geführtes achttägiges Gespräch zwischen Bohr und Schrödinger, bei der Bohr seinen Gesprächspartner zu überzeugen versuchte, dass seine Materiewellen keineswegs ein Mittel seien, die Quantensprünge in den Atomen zu vermeiden. Schrödinger dagegen war so verzweifelt, dass er sagte, wenn es bei dieser verdammten Quantenspringerei bleibe, bedaure er, sich überhaupt jemals mit dem Problem abgegeben zu haben. Bohrs Antwort charakterisiert den Gentleman: »Aber Schrödinger, wir sind Ihnen doch so dankbar, dass Sie es getan haben.«

Die Kontrahenten trennten sich im Oktober 1926 freundlich. Bohr und Heisenberg waren überzeugt, die Auseinandersetzung gewonnen zu haben, während Schrödinger an seiner Abneigung gegen Quantensprünge festhielt. Dass die beiden Theorien in Wirklichkeit gleichwertig waren, hatte Pauli schon in einem Brief vom 12. April 1926 an Pascual Jordan gezeigt. Auch Paul Dirac demonstrierte detailliert die Äquivalenz von Quanten- und Wellenmechanik in seiner Arbeit *On the theory of quantum mechanics* vom August 1926.

Borns Wahrscheinlichkeitsinterpretation

Eine neue Interpretation von Schrödingers Wellenfunktion schlug Max Born vor. Während Schrödinger meinte, seine Elektronenwellen stellten das bewegte Teilchen direkt dar, setzte Born seine Auffassung dagegen, die Wellenfunktion Ψ sei das Führungsfeld, das sich nach der Schrödinger-Gleichung ausbreitet und eine Wahrscheinlichkeit für das Einschlagen einer Bahn bestimmt. »Die Bewegung der Partikeln folgt Wahrscheinlichkeitsgesetzen, die Wahrscheinlichkeit selbst aber breitet sich im Einklang mit dem Kausalgesetz aus.« Diese Interpretation wurde auch von Bohr akzeptiert.

Die Unbestimmtheitsrelation

Nach der Abreise Schrödingers aus Kopenhagen im Oktober 1926 waren Bohr und Heisenberg überzeugt, auf dem richtigen Weg zum Verständnis der Quantenmechanik zu sein. Heisenberg wohnte als Assistent von Bohr in einem Dachzimmer im Institut. Bohr war tagsüber mit der Verwaltung des Instituts und dem Lehrbetrieb beschäftigt, Heisenberg musste Vorlesungen halten und an Seminaren teilnehmen. So begannen die Diskussionen über die physikalische Bedeutung der Theorie, wenn Bohr abends um 10 Uhr in Heisenbergs Zimmer kam, oft mit einer Flasche Sherry. Dann wurde bis nach Mitternacht diskutiert. Bohrs Vorstellung war es, das Wellen- und Teilchenbild gleichberechtigt nebeneinander bestehen zu lassen, obwohl das der mathematischen Logik widersprach, während Heisenberg von seiner Quantenmechanik ausging und erwartete, dass aus der Theorie eine eindeutige Interpretation für die physikalisch beobachtbaren Größen folgen müsse, und dass dabei keine Freiheit bestehe. Nun setzte zwei Monate lang ein erbittertes Ringen um die »richtige« Interpretation zwischen den beiden ein. Während für Bohr die philosophischen Begriffe und ihre physikalische Bedeutung im Vordergrund standen, war für Heisenberg entscheidend, wie die Theorie die Beobachtungen beschreiben konnte. Bohr war bekannt dafür, dass er oft undeutlich sprach, um den Gesprächspartnern bei ihren Gedanken freies Feld zu lassen. Wenn das Thema besonders schwierig wurde, hielt er deshalb manchmal die Hand vor den Mund. Die endlosen Diskussionen führten zu keinem wesentlichen Ergebnis und ermüdeten beide Partner. Der zweite Assistent Bohrs, Oskar Klein, bemerkte, Bohr sei »very tired«. So entschloss sich Bohr, nach Semesterende Mitte Februar 1927 zu einem ausgedehnten Skiurlaub nach Norwegen aufzubrechen.

Diese Entscheidung wirkte für beide wie eine Befreiung. Heisenberg, der in Kopenhagen blieb, war ganz glücklich, einmal auf eigene Faust alleine nachdenken zu können. Er schrieb an die Eltern:

> »In den letzten vierzehn Tagen hab ich eine systematische Ordnung der Gedanken für meinen Privatgebrauch vorgenommen und seh jetzt klar, auf welches Problem ich zusteuern will […] bis jetzt war ich viel zu dumm, es zu lösen.«

Er erinnerte sich an das Gespräch mit Einstein in Berlin, der gesagt hatte: »Erst die Theorie entscheidet, was man beobachten kann«. Die Bahn eines Elektrons in der Nebelkammer war nicht direkt beobachtbar, sondern nur die Wassertröpfchen entlang der Spur, die viel ausgedehnter sind als ein Elektron. Man kennt den Ort des Teilchens nur ungefähr – d. h. mit einer gewissen Ungenauigkeit – und ungefähr seine Geschwindigkeit. Gibt es eine Beziehung zwischen diesen beiden Ungenauigkeiten? Eine kurze Rechnung zeigte, dass für die Ungenauigkeiten die Beziehungen gelten, die heute als die Unbestimmtheitsrelationen in der Quantenmechanik bezeichnet werden. Das Produkt der Ungenauigkeiten kann nicht Null werden, sondern hat ungefähr den Wert des Planck'schen Wirkungsquantums h.

Bereits eine Woche nach Bohrs Abreise schilderte Heisenberg in einem zwölfseitigen handgeschriebenen Brief vom 23. Februar 1927 an Pauli seine Überlegungen über den anschaulichen Sinn der mathematisch abgeschlossenen Quantenmechanik. Darin erläuterte er dem Freund in acht Punkten, worum es ihm ging: »Die Frage nach dem Ort des Elektrons muss ersetzt werden durch die neue: Wie bestimmt man den Ort x des Elektrons?« Wenn der Ort genau festgelegt ist, ist in diesem Augenblick der Impuls p (oder die Geschwindigkeit) wegen der quantenmechanischen Vertauschungsrelation völlig unbestimmt. Entsprechende Betrachtungen lassen sich für alle kanonischen Paare von Variablen wiederholen, für die eine solche Vertauschungsrelation gilt.

Damit wurde klar, dass der Ort und der Impuls eines Teilchens nicht gleichzeitig beliebig genau bestimmt werden können. Heuristische Überlegungen zum Prozess des Messens mit dem Mikroskop hatten Heisenberg schon früher zu diesem Ergebnis geführt. Es fehlte aber noch eine quantitative Aussage drüber, was »beliebig genau« im Rahmen der Quantenmechanik bedeuten sollte. Heisenberg konnte mathematisch ableiten, dass das Produkt der Unsicherheiten von Ort und Impuls größer sein musste als das Planck'sche Wirkungsquantum h dividiert durch 2 mal π, also $h/2\pi$ oder $\hbar$. Diese Unbestimmtheitsrelation bedeutete, dass die Ungenauigkeit der beobachtbaren Größen nicht auf der mangelnden Präzision der Messinstrumente beruht, sondern eine grundlegende

3.6 Die Vollendung der neuen Quantentheorie

[handschriftliches Manuskript]

Manuskript 1 über die Unbestimmtheitsrelation

Eigenschaft der physikalischen Welt ist. Die Arbeit endet mit dem Satz:

> »Weil alle Experimente den Gesetzen der Quantenmechanik und damit der Gleichung 8.12 (der Unbestimmtheitsrelation) unterworfen sind, wird durch die Quantenmechanik die Unrichtigkeit des Kausalgesetzes definitiv festgestellt«.

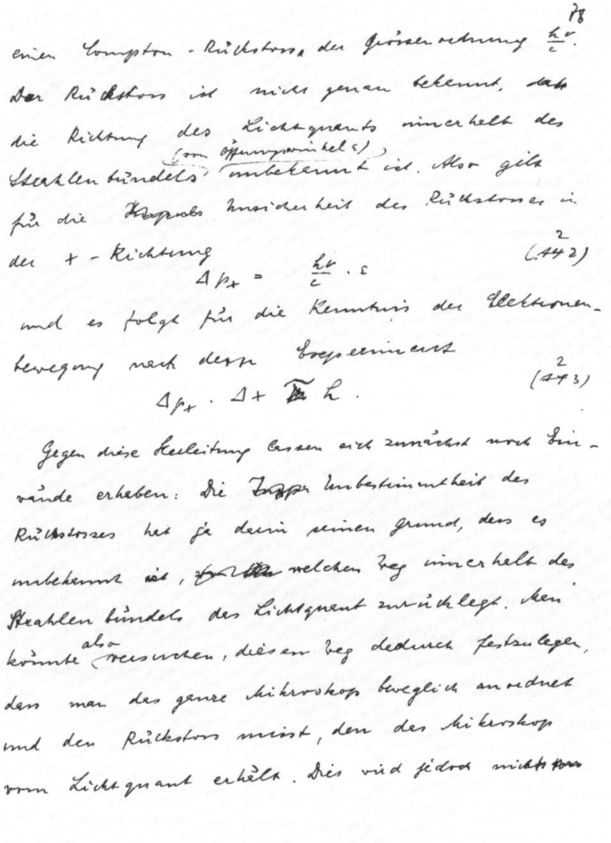

[Handwritten manuscript image]

Manuskript 2 über die Unbestimmtheitsrelation

Pauli reagierte positiv auf die Überlegungen in Heisenbergs Brief mit der Bemerkung: »Es wird Tag in der Quantentheorie«. Heisenberg hatte derweil schon die Publikation »Über den anschaulichen Inhalt der quantentheoretischen Kinematik und Mechanik« vorbereitet und schickte sie wiederum an Pauli mit der üblichen Bitte um kritische Lektüre und Rücksendung in ein paar Tagen.

3.6 Die Vollendung der neuen Quantentheorie

Mitte März 1927 kam Bohr aus dem Winterurlaub zurück. Auch er war beeindruckt von dem Werk, das Heisenberg in den vier Wochen seiner Abwesenheit vollbracht hatte. Bohrs zweiter Assistent Oskar Klein bemerkte dazu. »In jener Zeit pries er (Bohr) Heisenberg wie einen Messias«. Er stimmte zu, dass Heisenberg die Publikation an den Herausgeber der *Zeitschrift für Physik* schickte.

Mitte April schrieb Bohr an Einstein:

> »Diese Abhandlung bezeichnet wohl einen äußerst bedeutungsvollen Beitrag zu der Diskussion der allgemeinen Probleme der Quantentheorie [...] Der Umstand, dass die Begrenzung unserer Begriffe so genau mit der Begrenzung unseres Beobachtungsvermögens zusammenfällt, erlaubt, wie Heisenberg betont, Widersprüche zu vermeiden.«

Einen Monat später trübte sich die Stimmung Bohrs ein. Er hatte realisiert, dass sich Heisenbergs Arbeit mit der von ihm selbst geplanten allgemeinen Arbeit über den begrifflichen Aufbau der Quantentheorie überschnitt, in der er sein Prinzip der »Komplementarität« darstellen wollte unter dem Gesichtspunkt, es gibt Wellen und Teilchen oder »Korpuskeln«. Es kam in der Folge zu einer schweren persönlichen Krise zwischen den beiden. Bohrs qualitative philosophische Interpretation kollidierte mit der mathematischen Formulierung der Unbestimmtheitsrelation Heisenbergs. Es war ein Konflikt, der auf unterschiedlichen Auffassungen von Anschaulichkeit beruhte, wohl auch auf der Tatsache, dass Heisenberg sich auf einem Gebiet bewegte, das Bohr für sein angestammtes Revier hielt.

Als die Korrekturfahnen vom Verlag eingetroffen waren, verlangte Bohr Änderungen am Text. Heisenberg weigerte sich, das zu tun, schrieb aber einen Nachtrag, der auf Bohr Bezug nimmt und betont, dessen Untersuchungen ließen eine Vertiefung und Verfeinerung der vorliegenden Analyse zu. Diese Arbeit über die Unbestimmtheitsrelation war die zweite, mit der Heisenbergs Ruhm sich verbreitete.

Einsteins Reaktion

Während Bohr und Oskar Klein auf Bohrs Landsitz Tisvilde die Arbeit über Komplementarität ausarbeiteten, vertrat Heisenberg den Institutsdirektor und hatte Zeit, Briefe zu schreiben. Am 19. Mai schrieb er an Einstein, er habe auf dem Umweg über Born und Jordan von einer Arbeit Einsteins gehört, in der behauptet werde, es sei doch möglich, die Bahnen von Teilchen genauer zu kennen als es die Unbestimmtheitsrelation erlaubt. Er bat um Korrekturfahnen der Arbeit, weil er natürlich schrecklich gerne die Überlegungen Einsteins kennenlernen möchte, und ob es neue Experimente gebe, die entscheiden könnten, ob Schrödinger oder die statistische Quantenmechanik eher Recht hätten. Einstein hatte in der Tat am 5. Mai 1927 eine Arbeit an die preußische Akademie der Wissenschaften eingereicht mit dem Titel: *Bestimmt Schrödingers Wellenmechanik die Bewegung eines Systems vollständig oder nur im statistischen Sinn?*. Auf Einsteins Antwortschreiben bedankt sich Heisenberg und bemerkt:

> »Wenn ich Ihren Standpunkt richtig verstehe, dann meinen Sie, dass zwar alle Experimente so herauskommen, wie es die statistische Quantenmechanik verlangt, dass es aber darüber hinaus später möglich sein werde, über bestimmte Bahnen eines Teilchens zu sprechen.«

Diese Hoffnung Einsteins sollte sich nicht erfüllen, jedenfalls zog er die Arbeit wenig später zurück, sodass sie nicht gedruckt wurde. Heisenbergs Überzeugung war es jedoch, dass

> »durch die neueren Entwicklungen in der Atomphysik die Ungültigkeit oder jedenfalls die Gegenstandslosigkeit des Kausalgesetzes definitiv festgestellt wurde«.

Die Quantenmechanik Heisenbergs und die Wellenmechanik Schrödingers bildeten auch das Hauptthema der beiden großen Konferenzen des Jahres 1927: die Konferenz zum 100. Todestag des italienischen Pioniers der Elektrizität, Allessandro Volta, die von der faschistischen Regierung Mussolinis mit großem Pomp im September in Como veranstaltet wurde und die fünfte Solvay-Konferenz im Oktober in Brüssel, an der alle bedeutenden Physiker der Zeit teilnahmen.

3.6 Die Vollendung der neuen Quantentheorie

Pauli, Heisenberg und Fermi bei der Como-Konferenz 1927 (CERN)

4 Auswirkungen der Entdeckungen

4.1 Die Fünfte Solvay-Konferenz 1927

Im Oktober 1927 fand die Solvay-Konferenz im Brüsseler Hotel *Metropol* statt. Es war die fünfte Konferenz in einer Serie, die der belgische Chemiker und Industrielle Ernest Solvay auf Anregung des Berliners Walter Nernst 1911 ins Leben gerufen und finanziert hatte. Solvay hatte nach seinen Erfolgen als Leiter eines chemischen Unternehmens aus Liebhaberei eine Theorie der Gravitation und der Elektrizität aufgestellt und wollte die Aufmerksamkeit der Fachleute auf seine Theorie lenken. Nernst schlug ihm vor, eine Konferenz bedeutender Physiker einzuberufen, die die aktuellen Probleme der Physik diskutieren könnten. So entstand diese Serie von Konferenzen, zu der nur etwa 25 Wissenschaftler mit Rang und Namen zur Teilnahme eingeladen wurden. Bei den Konferenzen 1921 und 1924 waren die Ressentiments nach dem Krieg noch so groß, dass keine deutschen Wissenschaftler teilnehmen konnten.

Im Oktober 1927 wurde als Thema *Electrons and Photons* gewählt, und die Konferenz sollte die Entwicklungen der Quantentheorie behandeln. Auf diesem Gebiet waren die wichtigsten Fortschritte in Deutschland und Österreich gemacht worden, deshalb wurden dieses Mal auch Einstein, Born, Heisenberg und Schrödinger eingeladen. Der Vorsitzende des Konferenzkomitees, Hendrik A. Lorentz, hatte zunächst bei Einstein angefragt, wen er als Berichterstatter einladen sollte. Einstein hatte von den Göttingern wegen der »Originalität ungeachtet der Person« Heisenberg und Franck vorgeschlagen, oder, falls nur Theoretiker in Frage kämen, Heisenberg und Born, und für die Wellenmechanik Schrödinger. Die neuen Quantentheorien waren die zentralen Themen der Konferenz, an der alle bedeutenden Physiker der Zeit teilnahmen.

4.1 Die Fünfte Solvay-Konferenz 1927

Teilnehmer der Solvay-Konferenz 1927

In der Sitzung über die Quantentheorien waren unter dem Vorsitz von Hendrik Lorentz drei Themen vorgesehen, über die de Broglie, Born und Heisenberg und Schrödinger vortragen sollten. De Broglie erläuterte seine Gründe, warum materielle Teilchen auch Wellennatur haben sollten, Born und Heisenberg vertraten ihre Theorie der Quantenmechanik. Borns Zusammenfassung lautete:

»Man sieht, dass die Quantenmechanik Mittelwerte genau liefert, aber kein einzelnes Ergebnis vorhersagen kann. Der bisher als Grundlage der exakten Naturwissenschaften angenommene Determinismus kann nicht mehr ohne Einschränkung gelten.«

Heisenberg schloss mit dem Satz:

»Der wahre Sinn der Planck'schen Konstante h ist daher dieser, dass sie das universelle Maß der Unbestimmtheit festlegt, die in die Naturgesetze durch den Welle-Teilchen-Dualismus eingeführt wurde.«

Schrödinger setzte dagegen, seine Wellentheorie sei anschaulicher als die Quantenmechanik.

Am nächsten Tag, in der Sitzung »Diskussion der vorgeschlagenen Ideen«, sprach Niels Bohr über sein Prinzip der

Komplementarität, bei dem er den Dualismus zwischen Wellen- und Teilchenbild zur Grundlage der Deutung der Quantentheorie machte. In Bohrs Auffassung können wir denselben Vorgang in der Natur auf zwei verschiedene Weisen betrachten. Die beiden Betrachtungsweisen schließen einander zwar logisch aus, aber andererseits ergänzen sie sich auch, und erst beide Betrachtungsweisen zusammen ergeben ein vollständiges Bild des Vorgangs. Mit dieser Interpretation der Theorie verließ Bohr den sicheren Grund der zweiwertigen Logik, das »Entweder – Oder« sollte bei der Beschreibung der Quantenphänomene und der Atome nicht mehr gelten.

Nun begann die Debatte, die der streitlustige Einstein eröffnete. Eineinhalb Jahre zuvor hatte er beim Gespräch mit Heisenberg in Berlin seine Kritik an der Quantenmechanik formuliert, und seitdem hatte sich seine Einstellung nicht geändert. Einstein sagte bei seiner Rede: »Ich bin mir des Umstandes bewusst, dass ich in das Wesen der Quantenmechanik nicht tief genug eingedrungen bin«. Er hatte starke Vorbehalte, insbesondere missfiel ihm die Tatsache, dass mit der Theorie für die Elementarprozesse nur Wahrscheinlichkeiten berechnet werden konnten. Die Physik war also nicht mehr deterministisch, man konnte aus dem bekannten Anfangszustand eines physikalischen Systems nicht mehr exakt den Ablauf der Prozesse vorhersagen, wie es in der klassischen Mechanik und auch in der relativistischen Mechanik Einsteins möglich war. Für ihn war es nicht denkbar, dass »Gott würfelt«. Aber er konnte keine Alternative zur Quantenmechanik formulieren, seinen Versuch in der Arbeit vom 5. Mai 1927 hatte er zurückgezogen.

In den folgenden Tagen wurde die Auseinandersetzung um die Deutung der Quantentheorie in scharfen Diskussionen fortgeführt. Unter den Teilnehmern gab es eine Gruppe, die mit Einstein den traditionellen Determinismus und den Realitätsanspruch der klassischen Physik aufrechterhalten wollten, sie wurden die »Realisten« genannt. Die andere Gruppe mit Bohr als Senior und Wortführer, Born, Heisenberg und Dirac vertrat die These, dass die Quantenmechanik nur erlaubt, Wahrscheinlichkeiten für Elementarprozesse zu berechnen, und dass die Theorie nur beschreibt, was wir über die Vorgänge wissen, nicht aber, wie die Vorgänge »wirklich« ablaufen. Sie bekamen den Namen »Instrumentalisten«, weil sie betonten, dass wir nur wissen, was wir beobachten und messen.

Einstein dachte sich Gedankenexperimente aus, die die Wahrscheinlichkeitsinterpretation und die Unbestimmtheitsrelationen widerlegen sollten. Er pflegte schon zum Frühstück Bohr und Heisenberg sein neues Gedankenexperiment vorzutragen. Auf dem Weg zum Konferenzraum wurde das Problem genau definiert, und während des Tages fanden unter den Quantenphysikern Diskussionen statt, die dazu führten, dass beim abendlichen Diner Bohr Einstein nachweisen konnte, dass sein Experiment nicht zur Umgehung der Unbestimmtheitsrelationen führen konnte. Am nächsten Morgen kam Einstein zum Frühstück mit einem neuen Gedankenexperiment, das zwar komplizierter als das vorhergehende war, aber dasselbe Schicksal erlitt. Das Spiel wiederholte sich mehrmals, bis Einsteins Freund Paul Ehrenfest ihm vorwarf, er argumentiere jetzt gegen die neue Quantentheorie genauso stur wie früher Einsteins Gegner gegen die Relativitätstheorie. Ehrenfest schilderte seinen Schülern in Leyden die Auseinandersetzung:

> »Herrlich war es für mich, den Zwiegesprächen zwischen Bohr und Einstein beizuwohnen. Schachspielartig. Einstein immer neue Beispiele. Gewissermaßen Perpetuum mobile zweiter Art, um die Ungenauigkeitsrelation [Heisenbergs] zu durchbrechen. Bohr stets aus einer dunklen Wolke philosophischen Rauchgewölkes die Werkzeuge heraussuchend, um Beispiel nach Beispiel zu zerbrechen. Einstein wie der Teufel in der Box. Jeden Morgen wieder frisch herausspringend. Oh, das war köstlich. Aber ich bin fast rückhaltlos pro Bohr und contra Einstein.«

Für Einstein stand sein ganzes Weltbild auf dem Spiel. Nach seiner Überzeugung beschrieb die physikalische Theorie eine objektive Welt, die unabhängig von uns im Universum existiert. Die Theorie erlaubt es auch, aus der Kenntnis des augenblicklichen Zustandes die zukünftige Entwicklung vorherzusagen. Dass dies bei der Beschreibung der Welt der Atome nicht mehr möglich sein sollte, war für ihn nicht akzeptabel. Er betrachtete die Quantentheorie als eine vorübergehende Erscheinung, die in Zukunft ergänzt werden könnte. Seinem Credo »Gott würfelt nicht« setzte Niels Bohr entgegen: »aber es kann doch nicht unsere Aufgabe sein, Gott vorzuschreiben, wie er die Welt regiert.«

Bei den Gesprächen am Rande der Konferenzen sagte Heisenberg zu Einstein: »Wenn ich Ihren Gesichtspunkt recht verstehe, würden Sie die Einfachheit der Quantenmechanik für das Prinzip der Kausalität opfern«. Und weiter: »Ich finde es nicht wirklich schön, mehr zu verlangen als eine physikalische Beschreibung der Beziehung zwischen Experimenten«.

Die beiden Theorien, die Relativitätstheorie und die Quantenmechanik, wurden zur Grundlage der modernen Physik im 20. Jahrhundert. Sie galten und gelten in verschiedenen Bereichen, die Relativitätstheorie bei dem Verständnis des Universums und die Quantenmechanik in der Mikrowelt der Atome, Moleküle und Elementarteilchen. Es ist bis heute noch nicht gelungen, die beiden Theorien zusammenzuführen.

4.2 Wirkung der Allgemeinen Relativitätstheorie

Nachdem die allgemeine Relativitätstheorie mit der spektakulären Bestätigung der Lichtablenkung im Schwerefeld der Sonne im November 1919 ihren Siegeszug durch die Welt angetreten hatte, häuften sich die Nominierungen aus aller Welt für den Nobelpreis an Einstein. Während im Jahr 1919 nur fünf Nominierungen eingegangen waren, wuchs deren Zahl auf acht in 1920, 14 in 1921 und 17 in 1922. Insgesamt wurde Einstein 62 Mal nominiert. Schließlich erhielt er im Jahr 1922 den Preis für 1921, aber merkwürdigerweise nicht für die Relativitätstheorie, sondern für die Erklärung des photoelektrischen Effektes mit der Photon-Hypothese, seiner Arbeit aus dem Jahre 1905. Für Einstein ging es nun darum, weitere Konsequenzen aus der Allgemeinen Relativitätstheorie abzuleiten.

Gravitative Rotverschiebung

Eine dieser Folgerungen war die Rotverschiebung von Spektrallinien im Schwerefeld der Sonne, die wir in Kapitel 3.4 erwähnt haben. Im Schwerefeld sollten die Uhren langsamer gehen und die Wellenlängen von Licht vergrößert werden, d. h.

zum roten Ende des Spektrums hin verschoben werden. Einstein überzeugte den Astronomen Erwin Finlay-Freundlich, sich diesem Experiment zu widmen. Freundlich setzte sich erfolgreich für den Bau eines Sonnenobservatoriums auf dem Telegrafenberg in Potsdam ein und gewann den ihm bekannten Architekten Erich Mendelsohn dafür, den Bau des »Einstein-Turms« zu entwerfen und auszuführen. Finanziert wurde der Bau zur Hälfte durch den preußischen Staat und zur anderen Hälfte durch eine »Albert-Einstein-Stiftung« der deutschen Industrie. In dem Turm wurde das Teleskop mit 14 Metern Brennweite installiert, die Spektrographen für die Messung der Wellenlänge befanden sich in einem horizontalen Flachbau. Die Wellenlänge einer von der Sonnenoberfläche ausgesandten Spektrallinie sollte um zwei Millionstel größer sein als bei Emission derselben Linie auf der Erde. Es zeigte sich aber bald, dass störende Einflüsse wie die Turbulenzen des Plasmas auf der Sonnenoberfläche den kleinen Effekt der Gravitation überlagerten. Die Versuche in Potsdam blieben ohne Ergebnis. Einstein erlebte die Beobachtung des Effekts nicht mehr, der erst nach 1970 mit einiger Genauigkeit von den Störeffekten getrennt und gemessen werden konnte.

Eine alternative Methode zur Messung der gravitativen Rotverschiebung wurde später durch die Entdeckung von Rudolf Mößbauer möglich. Er fand im Jahre 1958 heraus, dass Atomkerne, die bei tiefen Temperaturen in ihrem Kristallgitter festgefroren werden, keinen Rückstoß erfahren, wenn sie bei einem Quantensprung ein Lichtquant großer Energie emittieren. Solche Quanten entsprechen harter Röntgenstrahlung. Dadurch ist die Wellenlänge dieser Strahlung aus allen gleichartigen Atomkernen exakt gleich, und die Strahlung kann von einem gleichen Atomkern wieder aufgenommen oder absorbiert werden, indem der Atomkern den umgekehrten Quantensprung ausführt. Die beiden Physiker Robert Pound und Glen Repka benutzten den Mößbauer-Effekt, um den Einfluss der Schwerkraft auf der Erde auf die Energiezustände der Atomkerne zu messen. Sie setzten eine Gamma-Strahlungsquelle des Isotops Eisen-57 auf den Boden eines 22 Meter hohen Turmes. An der Spitze des Turmes brachten sie ein weiteres Präparat desselben Isotops an, das die Gamma-Strahlung der Quelle am

Boden absorbieren sollte. Ohne den Einfluss der Schwerkraft würde der Empfänger an der Spitze des Turms die Strahlung absorbieren, da die Wellenlänge für Emission und Absorption exakt gleich ist. Doch die Schwerkraft verändert die Wellenlänge bei der Emission am Boden: sie ist größer als die Wellenlänge, die zur Aufnahme der Strahlung in dem Präparat an der Spitze des Turmes erforderlich ist. Die Strahlung wird nicht absorbiert. Um die Wellenlänge passend zu machen, bewegten Pound und Repka die Quelle langsam nach oben. Wie jeder aus eigener Erfahrung weiß, klingt die Sirene eines Feuerwehrautos höher, wenn es sich auf den Beobachter zu bewegt; das ist der Doppler-Effekt, die Frequenz wird höher, die Wellenlänge der Schallwelle kürzer. Genauso wird durch die Bewegung der Gamma-Quelle in Richtung auf den Absorber in der Spitze des Turmes die Wellenlänge verkürzt. Bei einer bestimmten Geschwindigkeit der Bewegung passt die Wellenlänge wieder zu dem Empfänger, es herrscht Resonanz. Aus der Geschwindigkeit der Quelle bei Resonanz, einige Millimeter pro Stunde, kann die Rotverschiebung gemessen werden, die durch die unterschiedliche Schwerkraft bei einem Höhenunterschied von 22 Metern verursacht wird. Das Ergebnis bestätigte den aus der Allgemeinen Relativitätstheorie berechneten Wert.

Entwicklung des Universums und der Urknall

Einstein sah von Anfang an die Möglichkeit, mit seiner Theorie der Gravitation Entstehung und Entwicklung des Universums zu berechnen. Die ursprüngliche Idee, von der er 1916 ausging, war ein unendlich ausgedehntes statisches Universum. Das Problem war nur, dass solch ein Universum nicht stabil sein konnte: es musste entweder durch die Schwerkraft zwischen den Sternen zusammenschnurren, oder die Materie würde sich als Gas im unendlichen Raum zerstreuen. Um eine statische Lösung der Feldgleichungen der Allgemeinen Relativitätstheorie zu erhalten, musste Einstein unrealistische Annahmen machen. Aber er entdeckte einen Ausweg: das Universum sollte jetzt – wie die Oberfläche einer Kugel – endlich, aber unbegrenzt sein, und unter diesen Annahmen gab es Lösungen der Feldgleichungen. Zu seinem Erstaunen fand er aber dann, dass diese Lösun-

4.2 Wirkung der Allgemeinen Relativitätstheorie

gen nicht statisch, sondern zeitlich veränderlich waren im Widerspruch zu seinem festen Glauben, das Universum müsse statisch sein, eine materieerfüllte Kugel. Um dieses Bild zu retten, analysierte er die Gleichungen und stellte fest, dass es eine Integrationskonstante gab, die er Null gesetzt hatte, die aber einen endlichen Wert haben konnte. Er führte also 1917 diese Konstante in die Gleichung ein und nannte sie »kosmologische Konstante«. Damit konnte er ein statisches Universum als Lösung bekommen und dessen Radius zu 10 Millionen Lichtjahren bestimmen. Später hat Einstein die kosmologische Konstante als seine »größte Eselei« bezeichnet.

Während Einstein an seiner Vorstellung eines statischen Universums festhielt, gingen andere Kosmologen einen anderen Weg. Der Niederländer Willem de Sitter in Leiden und der Russe Alexander Friedmann in Leningrad fanden Lösungen der Feldgleichungen, die ein expandierendes Universum beschrieben. Auf Friedmanns Veröffentlichung reagierte Einstein im September 1922 abweisend, das Resultat sei verdächtig, also falsch. Acht Monate später musste er zugeben, dass er sich getäuscht hatte, es waren in der Tat neben den statischen auch dynamische Lösungen möglich. Aber trotzdem beharrte Einstein auf seiner These, dass nur die statische Lösung physikalisch sinnvoll sei, weil die zu dieser Zeit beobachtbaren Sterne sich nur langsam bewegten. Solange es keine experimentellen Daten gab, die seiner These widersprachen, fand er Modelle eines expandierenden Universums »abscheulich«.

Das änderte sich erst, als der amerikanische Astronom Edwin Hubble daranging, die Fluchtgeschwindigkeit, mit der sich Galaxien von uns entfernen und die Entfernung dieser Galaxien zu bestimmen. Die Fluchtgeschwindigkeit lässt sich leicht aus der Rotverschiebung von Spektrallinien von Sternenlicht messen. Wenn die Sterne sich entfernen, wird die Wellenlänge des sichtbaren Lichts vergrößert, die Frequenz der Schwingung wird kleiner, so wie die Tonhöhe der Sirene eines sich von uns entfernenden Rettungswagens absinkt. Schwieriger ist die Messung des Abstandes einer Galaxie von uns. Hubble benutzte dafür eine bestimmte Art von Sternen, die sogenannten Delta-Cepheiden. Bei diesen pulsierenden Sternen fand man eine exakte Beziehung zwischen der absoluten Leuchtkraft und der

Dauer der Pulsation. Wenn die absolute Leuchtkraft bekannt ist, kann aus der scheinbaren Helligkeit bei der Beobachtung auf der Erde die Entfernung des Sterns und der ihn umgebenden Galaxie bestimmt werden. Je kleiner die scheinbare Helligkeit ist, desto weiter ist der Stern entfernt. Nach sechs Jahren astronomischer Beobachtungen hatte Hubble die Entfernung und die Fluchtgeschwindigkeit von 24 Spiralgalaxien gemessen. Er stellte in der Veröffentlichung im Jahre 1929 fest: Je weiter sie entfernt sind, desto schneller bewegen sie sich von uns weg und desto mehr wird das von ihnen ausgesandte Licht zum roten Ende des Spektrums der Wellenlängen verschoben. Das bedeutet, dass sich das Universum ausdehnt. Einstein musste einsehen, dass seine Vorstellung eines statischen Universums falsch war.

Der belgische Astronom Georges Lemaître ging einen Schritt weiter. Unser Standort ist nicht maßgeblich, vielmehr ist jeder Standort in dem endlichen, aber unbegrenzten Universum gleichberechtigt. Jede Galaxie entfernt sich von jeder anderen mit einer Geschwindigkeit proportional zur Entfernung, so wie zwei Punkte auf der Oberfläche eines expandierenden Luftballons. Wenn dies so ist, müssen die Galaxien ursprünglich – am Beginn der Welt – einmal eng beieinander gewesen sein. Lemaître meinte sogar, die ganze Masse des Universums müsse zu diesem Zeitpunkt im Volumen eines Atoms vereinigt gewesen sein. Aus der heute sehr genau bekannten Hubble-Konstanten, die die Expansion des Universums beschreibt, berechnet man, dass dies vor etwa 13,2 Milliarden Jahren der Fall war. Damals fand also der »Urknall« statt.

Dunkle Materie

Einen deutlichen Hinweis auf den Urknall gab auch die Entdeckung der kosmischen Hintergrundstrahlung durch Penzias und Wilson (1965). Aus allen Richtungen trifft diese Mikrowellenstrahlung auf die Erde. Die Temperatur dieser Strahlung entspricht 2,7 Grad über dem absoluten Nullpunkt von minus 273 Grad Celsius. Wir betrachten sie als die abgekühlten Lichtteilchen aus einer fernen Urzeit, nur etwa 380 000 Jahre nach dem Urknall. Sie verraten uns, wie die Bildung der Materieklumpen vor sich ging. Die Temperatur dieser Strahlung zeigt winzige Schwankungen um ein Hunderttausendstel eines Grads. Daraus schließen wir, wie viel Materie der uns bekannten Art damals vorhanden war: es sind nur 4 Prozent der gesamten Masse des Universums. Der Rest, dessen Natur wir noch nicht kennen, besteht aus nicht leuchtender »dunkler« Materie und, wie sich in den letzten Jahren gezeigt hat, aus der rätselhaften dunklen Energie.

Die Existenz der dunklen Materie ergibt sich aus der Beobachtung, dass in Spiralgalaxien die Sterne am äußeren Rand schneller um das Zentrum kreisen als man aus den Kepler'schen Gesetzen der Himmelsmechanik berechnet. Es muss also mehr gravitativ wirkende Materie im Zentrum der Galaxie vorhanden sein als man durch Abzählung der sichtbaren Sterne ermittelt. Bis jetzt ist unbekannt, aus welchen massiven, aber nicht leuchtenden Bestandteilen diese dunkle Materie besteht. Sie stellt ein Viertel der Masse des Universums.

Die Natur der dunklen Energie ist noch rätselhafter, ihre Existenz unsicher. Die Hypothese beruht auf der Beobachtung von Supernovae eines bestimmten Typs Ia, deren absolute Leuchtkraft in allen Fällen die gleiche ist, sodass man aus der scheinbaren Helligkeit ihre Entfernung bestimmen kann. Wenn man nun die Fluchtgeschwindigkeit der Muttergalaxien dieser Supernovae aus der Rotverschiebung misst, stellt man fest, dass diese Galaxien sich nicht nur, wie schon Hubble feststellte, von uns desto schneller entfernen, je weiter sie entfernt sind, sondern dass auch noch die Expansionsgeschwindigkeit dieser Galaxien zunimmt. Solch ein Phänomen kann in den Feldgleichungen der Allgemeinen Relativitätstheorie durch die Einstein'sche kosmologische Konstante beschrieben werden, wenn diese positiv ist. Der Wert der Konstante, der den Beobachtungen entsprechen würde, ist winzig klein, 10^{-17} Gramm pro Kubikmeter. Warum die Konstante diesen Wert hat (Einstein hatte sie ursprünglich Null gesetzt), ist völlig unbekannt.

Schwarze Löcher und Supernovae

Weiterhin ergibt sich aus der Allgemeinen Relativitätstheorie, dass eine sehr große Masse Licht auf Dauer einfangen kann, dass es also »Schwarze Löcher« geben kann. Den ersten theoretischen Hinweis fand der Astrophysiker Karl Schwarzschild als Soldat im Ersten Weltkrieg. Er hatte Einsteins Arbeit gelesen und versuchte die Theorie auf eine flüssige inkompressible Weltkugel anzuwenden. Der Ansatz, das Material dieser Kugel könne nicht zusammengedrückt werden, wird von der Wirklichkeit der Sterne widerlegt, sie werden zur Mitte hin dichter. Schwarzschild fand eine Lösung dieses Problems im Rahmen der Gravitationstheorie. Aber für die innersten Schichten der Sonne versagte die Theorie, es gab keine Lösung für den Bereich innerhalb von 3 Kilometern vom Mittelpunkt. Dieser Radius wird Schwarzschild-Radius genannt. Die Gravitation in diesem inneren Bereich ist so stark, dass nichts aus der Zone entweichen kann, auch nicht das Licht: das Innere ist absolut schwarz.

Für diese Paradoxie interessierte sich niemand, bis Fritz Zwicky und Walter Baade 1933 die Hypothese aufstellten, aus Supernova-Explosionen könnten enorm dichte Sterne aus Neutronen entstehen. Die ungeladenen Neutronen könnten so dicht zusammengepackt sein wie die Bausteine der Atomkerne. Supernovae entstehen aus Sternen am Ende ihrer Lebenszyklus, wenn das nukleare Brennmaterial bei der Kernfusion »verbraucht« ist. Bei den meisten Sternen fusioniert zunächst Wasserstoff zu Helium, dann Helium zu Kohlenstoff, und schließlich entsteht Eisen. Wenn die Masse des Sterns größer ist als acht Sonnenmassen, kollabiert der Stern am Ende seines Lebens in einen Neutronenstern oder in ein Schwarzes Loch.

Die Existenz solcher exotischer Phänomene wurde erst ernst genommen, als der niederländische Astronom Maarten Schmidt vom *California Institute of Technology* 1963 mit dem Spiegelteleskop auf dem Mount Palomar das sichtbare Licht aus einer unter dem Namen 3C273 bekannten Quelle von Radiostrahlung beobachtete. Aus der Rotverschiebung der optischen Spektrallinien bestimmte er die Entfernung, aus dem Radiosignal die Leuchtkraft. Er stellte fest, dass das Objekt weit außerhalb der Milchstraße lag, aber trotzdem eine riesige Leuchtkraft besaß: es konnte kein »normaler« Stern sein. Er nannte das Objekt *Quasi stellar object* oder »Quasar«. Die Energie, die ein Quasar abstrahlt, ist Milliarden mal größer als die eines Sterns. Einige

Jahre später schlug Boris Zel'dovich vor, der Mechanismus dieser Energie könne das Aufsaugen von Gas und Sternen durch ein schwarzes Loch sein. Die Materie sammelt sich in einer Scheibe um das Zentrum, dreht sich immer schneller und verliert Energie durch Abstrahlung, bis sie hinter dem Schwarzschild-Radius verschwindet.

Auch im Zentrum unserer Milchstraße sitzt ein solches sehr massives Schwarzes Loch, wie Reinhard Genzel vom Max-Planck-Institut für extraterrestrische Physik in Garching entdeckte. Genzel wollte in das Zentrum der Milchstraße hinein »sehen«, das durch interstellare Staubwolken verdeckt ist. Er entwickelte eine Technik, mit deren Hilfe er durch den Staub hindurch die Infrarot-Strahlung aus dem Zentrum beobachten konnte. In der Nähe dieses Zentrums observierte er eine Reihe von Fixsternen und stellte fest, dass diese Sterne nicht »fix« waren, sondern sich bewegten. Nach 15 Jahren Beobachtungszeit konnte er nachweisen, dass diese Sterne sich auf Ellipsenbahnen um ein schwarzes Loch bewegten, aus den Bahnparametern der Sterne ergab sich, dass sich im Zentrum ein massives Objekt mit 3,8 Millionen Sonnenmassen befinden muss, das die Sterne auf den Ellipsenbahnen hält.

Gravitationswellen

Als eine der Konsequenzen der Allgemeinen Relativitätstheorie berechnete Einstein 1916 die Aussendung von Gravitationswellen durch beschleunigte Massen. Einstein hielt es für unmöglich, dass man diesen winzigen Effekt jemals würde beobachten können. Während in der Newton'schen Theorie der Schwerkraft die Kraftwirkung einer Masse auf eine andere entfernte Masse im selben Augenblick durch das Gravitationsfeld erfolgt, ist das in der Relativitätstheorie nicht möglich, weil die Wirkung des Feldes an einem entfernten Ort erst mit einer Verzögerung eintrifft, die durch die Laufzeit der Welle mit Lichtgeschwindigkeit bestimmt wird. In der Elektrodynamik gibt es positive und negative Ladungen, aus ihnen kann ein Dipol gebildet werden. Ein oszillierender Dipol kann als Antenne elektromagnetische Wellen abstrahlen. Im Gegensatz dazu gibt es bei der Schwerkraft nur positive Massen und keinen Dipol. Die

Antenne zur Abstrahlung der Wellen gleicht mathematisch dann einem Vierpol oder Quadrupol. Jede Art von beschleunigten Massen sendet diese Wellen aus, jedoch ist deren Wirkung so winzig, dass der Nachweis enorme Schwierigkeiten macht. Die Wellen sind, wie die elektromagnetischen, transversal, senkrecht zu der Ausbreitungsrichtung verändert sich der Raum selbst. Wenn eine Gravitationswelle durch den Detektor rauscht, vergrößert oder verkleinert sich der Abstand zweier Körper senkrecht zur Ausbreitungsrichtung der Welle kurzzeitig.

Die erwarteten Längenänderungen waren so klein, dass nur wenige Physiker wagten, ein Experiment aufzubauen. Der erste war Joseph Weber von der *University of Maryland*, er konstruierte tonnenschwere Aluminiumzylinder, an denen er kleinste Erschütterungen maß. Um die durch Wärmebewegung der Atome verursachten Störungen zu minimieren, wurden die Zylinder auf die Temperatur von flüssigem Stickstoff abgekühlt. In sechs Nachweisgeräten dieser Art fand er 1969 gleichzeitig Erschütterungen, aber die physikalische Öffentlichkeit hielt die Beobachtung für eine zufällige Koinzidenz. Auch war nicht klar, was für ein riesiges kosmisches Ereignis eine Gravitationswelle dieser Stärke verursacht haben könnte.

Eine alternative, empfindlichere Methode zur Messung der Gravitationswellen schlug im folgenden Jahr Rainer Weiss vom *Massachusetts Institute of Technology* vor. Der Nachweis sollte mit einem Michelson-Interferometer geführt werden. Mit solch einem Gerät hatten Michelson und Morley um 1900 nachgewiesen, dass die Lichtgeschwindigkeit in Richtung der Erdbewegung und senkrecht dazu gleich war, dass also die Vorstellung, das Licht – die elektromagnetische Welle – breite sich in einem materiellen Äther aus, nicht richtig sein konnte. Anstatt mit einer konventionellen Lichtquelle sollte der Gravitationswellendetektor mit einem Laserstrahl arbeiten. Der Strahl wird durch einen halbdurchlässigen Spiegel H in zwei senkrecht zueinander verlaufende Strahlen geteilt. Beide werden durch Spiegel zurückreflektiert und treffen bei H wieder aufeinander. Die beiden elektromagnetischen Wellen überlagern sich, sie »interferieren«. Wenn die Länge der beiden Strahlwege genau gleich ist, addieren sich die Wellen und geben ein helles Bild. Wenn aber einer der Strahlwege um eine

4.2 Wirkung der Allgemeinen Relativitätstheorie

halbe Wellenlänge kürzer ist, löschen sich die Wellen aus, das Bild ist dunkel.

Eine durch den Detektor rasende Gravitationswelle verändert die Abstände in den beiden Armen des Interferometers, und das Interferenzbild müsste das anzeigen.

Die amerikanische Gruppe bekam aber zunächst nicht die Mittel, um ein großes Interferometer zu bauen. Mehr Glück hatte eine Münchner Gruppe unter Heinz Billing, die im Jahr 1975 ein Interferometer mit drei Metern Armlänge und 1983 ein Gerät mit 30 Metern Armlänge aufbauen und dabei die technischen Schwierigkeiten bewältigen konnte: Stabilität des Lasers, erschütterungsfreie Aufhängung der Spiegel, mechanische Stabilität der Interferometerarme.

Die amerikanische Gruppe am *California Institute of Technology* erhielt 1980 die Mittel für ein 40-Meter-Interferometer, aber es war klar, dass die benötigte Empfindlichkeit nur mit Armen von Kilometern Länge erreicht werden konnte. Die deutsche Gruppe zusammen mit Physikern aus Glasgow und die amerikanische Gruppe beantragten solche Projekte, aber die Mittel in Deutschland reichten nur für ein 600-Meter-Projekt, Gco600, das 1994 genehmigt und bis 2005 bei Hannover unter Leitung von Karsten Danzmann mit Beteiligung britischer Physiker gebaut wurde. In diesem Experiment wurde die Empfindlichkeit der Techniken so gesteigert, dass eine Längenänderung von einem Tausendstel des Atomkerndurchmessers nachweisbar war.

Das amerikanische Projekt LIGO erhielt zwar 1988 die ersten Mittel, hatte aber mit vielen Schwierigkeiten zu kämpfen. Erst 1994, unter neuer Leitung, kam das Projekt in Fahrt. 1997 gingen die beiden 4-Kilometer-Interferometer in Livingston (Louisiana) und Hanford (Washington) in Betrieb. Aber es ereignete sich nichts Spektakuläres. Auch ein Umbau von 2007 bis 2009 zum »Enhanced LIGO« brachte bis 2011 kein Signal einer Gravitationswelle. Erst als die Gruppe um Danzmann ihre entscheidenden Verbesserungen aus Hannover in den vier Jahren 2011 bis 2015 in den amerikanischen LIGO-Detektor einbaute, wurde die Empfindlichkeit so gesteigert, dass ein Erfolg greifbar wurde. Bei dem nun »Advanced LIGO« genannten Detektor waren es ein stabiler Hochleistungs-Laser, die verbesserte erschütterungsfreie Spiegelaufhängung und eine »squeezed light« genannte Lasertechnik, die den Durchbruch brachten. Am ersten Tag des regulären Betriebs, am 14. September 2015, während der Nacht in den USA, wurde der verbesserte Detektor von Hannover aus überwacht, und um 10.50 Uhr MEZ registrierte der aufsichtführende Physiker ein Signal von überraschender Deutlichkeit. Die Längenänderung der Interferometerarme an den beiden Standorten Livingston und Hanford verlief wie eine Welle, die etwa 0,2 Sekunden andauerte. Die Frequenz der Welle war am Anfang 30 Hertz und stieg dann stetig an, bis sie am Ende 300 Hertz erreichte. Danach hörte sie plötzlich auf. Die Signale in Hanford kamen um sieben Millisekunden später an. Ein vier Kilometer langer Interferometerarm der beiden LIGO-Detektoren änderte seine Länge um einen winzigen Betrag, den tausendsten Teil des Durchmessers eines Protons. Der Baustein der Atomkerne hat die Größe eines Milliardstels eines Mikrometers.

Bei der Suche nach dem Prozess, aus dem diese Strahlung stammt, wurden die LIGO-Forscher schnell fündig. Sie hatten mögliche Ereignisse im Vorfeld analysiert, und dieses Signal entsprach genau der Simulation eines spektakulären Ereignisses: zwei Schwarze Löcher kreisen umeinander, strahlen Gravitationswellen ab und verlieren dadurch Energie. Sie kreisen immer schneller umeinander, bis sie schließlich miteinander verschmelzen und ein einziges Schwarzes Loch bilden. Ein genauer Vergleich der Daten mit der Simulation ergibt weiter, dass die beiden Schwarzen Löcher Massen von 36 bzw. 29 Sonnenmassen hatten und dass das entstehende Schwarze Loch 62 Sonnenmassen schwer war. Die Summe der Massen der beiden verschmelzenden Schwarzen Löcher ist 65 Sonnenmassen, also wurde die Differenz von drei Sonnenmassen nach der Einstein'schen Gleichung $E=mc^2$ in die Energie der abgestrahlten Gravitationswellen umgewandelt. Diese Energie ist 100 Mal größer als die von allen Sternen des Universums zusammen ausgestrahlte Strahlungsenergie.

Das *Gravitational Wave-Ereignis* wurde nach seinem Datum mit dem Namen GW150914 versehen. Ein zweites ähnliches Ereignis, GW151226, wurde am 26. Dezember 2015 registriert. Damit war 100 Jahre nach der Formulierung der Allge-

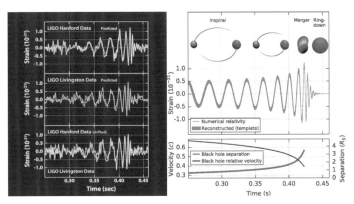

Signal für Gravitationswelle GW150914, LIGO-Kollaboration 2016 (links); Entstehung der Gravitationswelle GW150914, (rechts); Strain bedeutet die relative Längenänderung der Spektrometerarme beim Durchgang der Gravitationswelle

meinen Relativitätstheorie ein letzter Baustein gefunden, der das Einstein'sche Theorie-Gebäude untermauert.

Die Erkenntnisse über die Entstehung des Universums haben unser Weltbild völlig verändert. Niels Bohr schrieb darüber:

»Durch Albert Einsteins Werk hat sich der Horizont der Menschheit unendlich erweitert, und gleichzeitig hat unser Bild vom Universum eine Geschlossenheit und Harmonie erreicht, von der man bisher nur träumen konnte.«

4.3 Lehren und Fördern

Heisenberg in Leipzig

Im Sommer 1927, als Heisenberg in Kopenhagen Bohrs Assistent war, erhielt er zum zweiten Mal einen Ruf auf eine Professur in Leipzig. Debye war von Zürich nach Leipzig gewechselt und wollte Heisenberg für Leipzig gewinnen. Die ETH Zürich dagegen musste einen Nachfolger für Debye suchen. Die Fakultät entschied sich ebenfalls für Heisenberg, und bei der Como-Konferenz wurde ihm das Angebot der ETH Zürich unterbreitet. Auf dem Rückweg von Como besuchte er den Präsidenten der ETH und das physikalische Institut, wo Paul Scherrer und Hermann Weyl ihn über die Arbeitsbedingungen informierten und ihr Interesse an einer Zusammenarbeit bekundeten. Aber Debye in Leipzig gab nicht auf und drängte das Ministerium in Dresden, die Verhandlungen zu einem guten Ende zu führen, denn

> »Heisenbergs Aufnahme in Como hat wieder auf das Allerdeutlichste gezeigt, dass nach allgemeiner Ansicht der Brennpunkt der modernen Entwicklung nach Leipzig verlegt sein wird.«

Im November entschied sich Heisenberg für Leipzig, und die ETH Zürich berief an seiner Stelle Wolfgang Pauli, der ebenfalls sofort zusagte. Heisenberg verließ Kopenhagen und trat seine neue Stelle als Ordinarius der Universität Leipzig an. Seine Antrittsvorlesung hielt er am 1. Februar 1928.

Heisenberg bei seiner Antrittsvorlesung 1928 in Leipzig.

Heisenberg war als junger Professor an der Universität Leipzig ab 1928 der große Anziehungspunkt für die begabtesten Studenten und jungen Wissenschaftler aus Europa und Amerika. Das interessanteste Arbeitsgebiet war zu der Zeit die neuentdeckte Quantenmechanik, und wo konnte man sie besser lernen als bei dem jungen Erfinder selbst? Heisenberg bestimmte

4.3 Lehren und Fördern

den »Geist der Linnéstraße«. Die berühmtesten Doktoranden waren Felix Bloch aus der Schweiz (Promotion im Januar 1929), Eduard Teller aus Ungarn, Rudolf Peierls und Carl-Friedrich von Weizsäcker. Bloch kam 1927 nach Leipzig. Er berichtete später:

> »Ich war sein erster Student, und daher bekam ich viel Zeit von ihm. Ich nahm sofort an den Seminaren teil und trat zu Heisenberg in eine sehr enge Beziehung – ich bewunderte ihn ungeheuer [...] Heisenberg sagte mir auf recht freundliche Weise: Man sollte nachschauen, was aus der Elektronentheorie der Metalle in der Quantenmechanik wird?«

Bloch wandte also unter Heisenbergs Anleitung die Quantenmechanik auf die Physik der festen Materie an und begründete so die theoretische Festkörperphysik. Heisenberg schrieb in seinem Gutachten über die Dissertation:

> »Die Arbeit Blochs bedeutet im Ganzen meines Erachtens einen sehr wertvollen Beitrag zur Theorie der Metalle, sie dürfte als feste Grundlage für weitere Untersuchungen weit mehr geeignet sein als die bisherigen Theorien«.

Bloch, der sich 1931 bei Heisenberg habilitierte, schrieb später über seine Zeiten mit Heisenberg in Leipzig:

> »[Sie] gehören zu den glücklicheren Zeiten vor diesen Ereignissen [d. h. seiner Vertreibung 1933 durch die Nationalsozialisten]. Viele von ihnen beziehen sich auf gänzlich profane und alles andre als professionelle Unterhaltungen auf Spaziergängen, in Skihütten in den Bayerischen Alpen oder unter anderen erholsamen Umständen. Sie sind mir nicht weniger kostbar als unsere Gespräche über Physik«.

Auch nach dem Krieg hielt die Freundschaft an. Als Bloch 1952 den Nobelpreis für Physik erhielt, schrieb er an Heisenberg:

> »Während all der ereignisschweren Jahre, seit ich Sie das letzte Mal gesehen habe, hat mich niemals das Gefühl der tiefen Verbundenheit verlassen für alles, was Sie mir gegeben haben.«

Nicht nur für Studenten und Doktoranden, sondern auch für junge Wissenschaftler war Heisenberg der Magnet, der alle anzog. In seinem Seminar über »Struktur der Materie« drängten sich die begabtesten Nachwuchsphysiker. Die Liste der Gäste aus dem Ausland umfasste in diesen Jahren mehr als 50 Namen.

Heisenberg mit seinen Schülern 1930. Von links nach rechts: Giovanni Gentile, Rudolf Peierls (vorne), George Placzek, Gian Carlo Wick, Werner Heisenberg (vorne), Felix Bloch, Viktor Weisskopf, Fritz Sauter

Aus den Briefen des jungen Italieners Ettore Majorana kann man einen Eindruck von dem »Geist der Linnéstraße« gewinnen, den Heisenberg an seinem Institut schuf. Majorana kam im Januar 1933 nach Leipzig. Er beschäftigte sich dort mit den Kernkräften und später mit den masselosen neutralen Teilchen, deren Existenz Pauli postuliert hatte, um im Betazerfall die Erhaltung der Energie zu »retten«, den Neutrinos. Beim radioaktiven Betazerfall wird ein Elektron, das »Betateilchen«, aus dem Atomkern ausgesandt, und es hat den Anschein, als sei das Prinzip der Erhaltung der Energie verletzt. Durch die Annahme eines gleichzeitig mit dem Elektron emittierten unsichtbaren Teilchens, des Neutrinos, zeigte Pauli eine Möglichkeit auf, an der Erhaltung der Energie festzuhalten.

Der Schriftsteller Leonardo Sciascia beschreibt die Stimmung im Institut in seinem Buch *Das Verschwinden des Ettore Majorana*:

> »Die Begegnung mit Heisenberg ist, wie wir glauben, das bedeutendste, das wichtigste Ereignis im Leben Ettore Majoranas (1906–1938) gewe-

sen, und zwar mehr auf menschlicher, als auf wissenschaftlicher Ebene. Wohlverstanden: auf Grund dessen, was wir von seinem Leben dokumentarisch wissen, denn das, was wir nicht wissen, erweckt in uns die Vorstellung einer weiteren, bedeutenderen Begegnung.«

Am 22. Januar 1933 schrieb Majorana an die Mutter:

»Im Physikalischen Institut hat man mich sehr herzlich empfangen. Ich habe eine lange Unterredung mit Heisenberg gehabt, der ein ungewöhnlich höflicher und sympathischer Mensch ist.«

Und weiter einen Monat später:

»Im letzten ›Kolloquium‹, einer wöchentlichen Vereinigung von etwa insgesamt hundert Physikern, Mathematikern, Chemikern usw. hat Heisenberg über die Kerntheorie gesprochen und mich sehr gelobt auf Grund einer Arbeit, die ich hier gemacht habe. Wir haben uns infolge vieler wissenschaftlicher Diskussionen und einiger Schachspiele ziemlich angefreundet. Gelegenheit dazu bietet sich bei dem Empfang, den er jeden Dienstag für die Professoren und Studenten des Instituts für Theoretische Physik gibt.«

Sciascia fasst seinen Eindruck von Heisenbergs Wirkung so zusammen:

»Der Grund lag, wie wir rückblickend zu durchschauen glauben, in der Tatsache, dass Heisenberg das Problem der Physik lebte, seine Forschung in einem weiten und dramatischen Kontext von Gedanken stand. Er war, um es banal zu sagen, ein Philosoph.«

Im Januar 1933 verdüsterte sich die politische Lage, die NSDAP übernahm die Macht. Viele von Heisenbergs Kollegen und Studenten bereiteten sich darauf vor, Deutschland zu verlassen. Trotzdem genossen die Physikerfreunde in den Osterferien eine unbeschwerte Skifreizeit auf einer Almhütte am Großen Traithen, einem Berg im bayerischen Mangfallgebirge. Dabei waren außer Heisenberg und Bohr dessen Sohn Christian, Felix Bloch und Carl-Friedrich von Weizsäcker. Beim Spülen des Geschirrs kam Bohr zu der erstaunlichen Erkenntnis, dass man mit schmutzigem Spülwasser und schmutzigen Tüchern beim Abtrocknen doch erreichen könne, dass das Geschirr und die Gläser am Ende sauber seien. Genauso sei es mit der Physik: wir haben unklare sprachliche Begriffe und eine eingeschränkte Logik, und doch können wir am Ende klare Aussagen über die Natur machen.

Skilaufen mit Felix Bloch 1933

»Deutsche Physik«

Nach der Machtergreifung durch die Nationalsozialisten und der Übernahme des Reichspräsidentenamtes durch Hitler 1933 begannen einige NS-Ideologen unter den Physikern, insbesondere die Nobelpreisträger Philipp Lenard an der Universität Heidelberg und der Präsident der Physikalisch-Technischen Reichsanstalt und Präsident der *Deutschen Forschungsgemeinschaft* Johannes Stark, gegen die modernen Erweiterungen der Physik, die Relativitätstheorien und die Quantenmechanik zu polemisieren. Stark wollte die Verantwortung für die Physik übernehmen und sie neu organisieren. Die »deutsche« oder »arische Physik« hatte bezüglich der klassischen Physik dieselben Inhalte, nur die Relativitätstheorie würde als jüdisch abgelehnt und ebenso die Quantenmechanik. Unter den Fachkollegen waren Lenard und Stark isoliert, so verhinderte Max von Laue die Aufnahme von Stark in die Preußische Akademie. Aber in der NSDAP und ihren Folgeorganisationen hatten sie

Rückhalt. Heisenberg dagegen betonte in seinen Vorträgen immer wieder, dass Einsteins Relativitätstheorie selbstverständliche Grundlage weiterer Forschung sei. Besonders deutlich wurde Heisenberg in seinem Vortrag auf der Versammlung der Naturforscher am 17. September 1934 in Hannover über die *Wandlungen der Grundlagen der exakten Naturwissenschaft in jüngster Zeit*. Er hob die fundamentale Bedeutung der Relativitätstheorie und der Quantenmechanik hervor und rückte die im »Streit der Tagesmeinungen entstandenen Verzerrungen« zurecht. Auch betonte er die Rolle der theoretischen Physik, die »in der deutschen Öffentlichkeit in letzter Zeit manchmal schief dargestellt worden ist.«

Diese Verteidigung der von den Vertretern der *Deutschen Physik* verfemten neuen Physik wurde im Ausland als mutiger Schritt bewertet. Wolfgang Pauli schrieb aus Zürich an Heisenberg:

> »Dein in den Naturwissenschaften publizierter Vortrag hat bei mir wie auch sonst – sowohl wegen der inhaltlichen als auch wegen der taktischen Seite – helle Begeisterung erweckt. Da kann man nur gratulieren!«

1937 publizierte das Organ der SS *Das Schwarze Korps* einen Artikel *Weiße Juden in der Wissenschaft*. Darin wurde Heisenberg direkt als Verteidiger der jüdischen Wissenschaftler und als Statthalter des Judentums im deutschen Geistesleben angegriffen. Stark bezeichnete Heisenberg als »Ossietzky der Physik«, ein bedenklicher Vergleich, wenn man weiß, dass der Friedensnobelpreisträger Ossietzky im Konzentrationslager misshandelt und gefoltert wurde und an den Folgen starb. Ein Parteifunktionär schrieb an den Chefideologen der NSDAP, Alfred Rosenberg, das Konzentrationslager sei zweifellos der geeignete Platz für Herrn Heisenberg. Das Ansehen Heisenbergs war aber groß genug, um solche Attacken abzuwehren.

Im März 1937 fand Heisenberg endlich bei einer der vielen musikalischen Abendgesellschaften in Leipzig die Frau seines Lebens. Während eines Klaviertrios von Beethoven traf ihn der Blick der jungen Elisabeth Schumacher, die in Leipzig eine Buchhändlerlehre absolvierte. Es war ein *Coup de foudre*, und schon im April desselben Jahres heirateten die beiden. Im Jahr darauf wurden dem Ehepaar die Zwillinge Maria und Wolfgang geboren. Weitere fünf Kinder folgten.

Elisabeth und Werner Heisenberg 1937

Heisenberg besaß das Talent, Schüler heranzuziehen und zu fördern. Aber diese Blütezeit der Leipziger Physik war seit der Machtergreifung durch die Nationalsozialisten 1933 bedroht und dann beendet, als die jüdischen Mitglieder der Gruppe sich von Deutschland abwandten. Es wurde einsam um Heisenberg.

Einstein als Lehrer

Einstein dagegen war in jeder Hinsicht ein Einzelkämpfer, ein »Steppenwolf«, wie er sich selbst in Anlehnung an Hermann Hesses Roman bezeichnete. Dies zeigte sich immer wieder daran, dass Einstein kein Interesse hatte zu lehren und eine Schülerschaft aufzubauen, vielmehr ließ er sich in Zürich, Prag und Berlin größtmöglichste Freiheit zur Forschung zusichern. Besonders die Stelle an der Akademie in Berlin war ganz auf seine Bedürfnisse zugeschnitten. Er hatte keine Lehrverpflichtung, kein Büro in der Akademie, keine Sekretärin. Regelmäßige Termine waren nur das physikalische Kolloquium in der Universität und die Sitzungen der Mathematisch-Physikalischen Klasse der Akademie.

Einstein hat daher in dieser Zeit und auch später in den USA nie einen Doktoranden betreut, er arbeitete meist allein zu Hause und führte auch dort ein einsames Leben, stets darauf bedacht, keine Zeit mit unwichtigen Dingen zu verlieren. Die Weitergabe seiner physikalischen Ideen an jüngere Schüler gehörte eben für ihn zu den unwichtigen Dingen. Es gibt deshalb von ihm nur ganz wenige Arbeiten, die er zusammen mit anderen verfasst hat. Ein Beispiel ist die Arbeit mit Podolsky und Rosen über das sog. EPR-Paradoxon, das sich mit der quantenmechanischen Verschränkung zweier Photonen oder der »Fernwirkung« zwischen diesen in der Quantenmechanik beschäftigt. Diese Arbeit sollte eine Paradoxie in der Quantenmechanik aufzeigen, die Einstein nicht für möglich hielt.

4.4 Wirkungen der Quantenmechanik

Der Nobelpreis

Als unmittelbare Folge der fünften Solvay-Konferenz 1927 wurde die Bedeutung der Quantenmechanik und der Unbestimmtheitsrelation zunehmend anerkannt, und die ersten Nominierungen für den Nobelpreis gingen in Stockholm ein. Aber erst als die Vorschläge von Planck, Bohr, Einstein und Pauli eingegangen waren, kam es zu einer Entscheidung des Nobelkomitees. Der Preis für das Jahr 1932 ging an Werner Heisenberg allein, »für die Erfindung [*creation*] der Quantenmechanik, deren Anwendung unter anderem zu der Entdeckung der allotropen Form des Wasserstoffs führte«. Der Preis für das Jahr 1933 ging je zur Hälfte an Erwin Schrödinger und Paul Adrien Maurice Dirac »für die Entdeckung neuer produktiver Formen der Atomtheorie«, also alternativer Formen der Quantenmechanik. Die Einordnung der relativen Bedeutung der Beiträge der drei Wissenschaftler kann man z. B. aus dem Vorschlag von Wolfgang Pauli entnehmen, den ich hier abdrucke.

Er urteilt, erstens gehe die Heisenberg'sche Arbeit der Schrödingers zeitlich voran und zweitens sei die Heisenberg'sche Schöpfung die noch originalere. Und Heisenbergs zweite große Leistung sei die Aufstellung des Unbestimmtheitsprinzips und die Erkenntnis von dessen Bedeutung.

Philosophische Konsequenzen

Die Deutung der Quantenmechanik, wie sie in der Kopenhagener Interpretation verwirklicht wurde, hat auch Auswirkungen auf philosophische Fragen der Erkenntnistheorie. In einem Vortrag vor der Kant-Gesellschaft in Kiel im Sommer 1928 über *Erkenntnistheoretische Probleme der modernen Physik* betonte Heisenberg, dass in früheren Zeiten die Naturwissenschaft aufs engste mit der Philosophie verknüpft war, dass damals jeder bedeutende Naturforscher – Demokrit, Aristoteles, Kepler, Newton – gleichzeitig Philosoph war, bedauerte aber, dass heute die beiden Disziplinen sich voneinander entfremdet hätten. Das liege zum Teil daran, dass es bei allgemeinen Fragestellungen oft unmöglich sei, Subjekt und Objekt scharf zu trennen. Er erläuterte dann dem philosophischen Publikum seine Unbestimmtheitsrelation, dass Ort und Impuls von mikroskopischen Objekten nicht gleichzeitig beliebig genau bestimmt werden können. Er fuhr fort:

»Diese Beobachtung impliziert eine Wechselwirkung zwischen Beobachter und Gegenstand, die den Gegenstand verändert [...] Eine genaue Kenntnis der Geschwindigkeit schließt eine genaue Kenntnis des Ortes aus: sie ist komplementär zu ihm. Oder: die kausale Beschreibung eines Systems ist komplementär zur raumzeitlichen Beschreibung. Denn zur raumzeitlichen Beschreibung muss beobachtet werden [Was Heisenberg hier in Kurzform ausdrückt: wenn wir den Ort und den Zeitpunkt eines Ereignisses beschreiben wollen, müssen wir es experimentell beobachten]. Wenn wir das System stören, können wir seinen Kausalzusammenhang nicht mehr rein verfolgen.«

Als allgemein-philosophische Bemerkung fügte er hinzu:

»Es kann sein, dass der Bohr'sche Begriff der Komplementarität auch geeignet ist, Licht zu werfen auf den Dualismus Leib–Seele. Der Naturwissenschaftler wird heute vermuten, dass die Kenntnis eines seelischen Vorgangs komplementär ist zu der Kenntnis des entsprechenden physi-

PLC 0355,92

26.

Inkom den 31.1.1932.

Zürich 7, den 29. Januar 1932.

Prof.Dr.W.Pauli.

An das Nobelkomitee für Physik

Stockholm 50
(Schweden)

Sehr geehrte Herren,

In Beantwortung Ihrer freundlichen Einladung, einen Vorschlag für den physikalischen Nobelpreis des Jahres 1932 zu überreichen, möchte ich Ihnen gerne mitteilen, dass nach meiner Ansicht Herr W.Heisenberg, ord.Professor f.theoretische Physik an der Universität Leipzig am meisten für diesen Preis in Frage kommt.Es handelt sich hierbei in erster Linie um seine beiden grundlegenden Arbeiten "Ueber quantentheoretische Umdeutung kinematischer und mechanischer Beziehungen", ZS.f.Phys.33,879,1925 und "Ueber den anschaulichen Inhalt der quantentheoretischen Kinematik und Mechanik", ZS.f.Phys.43,172,1927. In der ersten Arbeit ist der Grund gelegt zur sogenannten "Matrizenmechanik" welche die historisch erste mathematisch exakte Form der modernen Quantenmechanik bildet, während in der zweiten Arbeit zum ersten Mal das "Unbestimmtheitsprinzip" ausgesprochen ist, gemäss welchem eine gleichzeitige genaue Kenntnis von Impuls und Ort eines Teilchens unmöglich ist, da dem Produkt der Unbestimmtheiten von Ort und Impuls durch das Wirkungsquantum h eine nicht unterschreitbare Grenze gesetzt ist. Es ist wohl nicht nötig die zahlreichen theoretischen Folgerungen, sowie die Anregungen für die experimentelle Forschung im Einzelnen aufzuzählen, die aus der Matrizenmechanik geflossen sind, die wesentliche Bedeutung des Unbestimmtheitsprinzips für die widerspruchsfreie Deutung der Erfahrungen mit Hilfe der modernen Quantentheorie sowie die zahlreichen anderen Arbeiten Heisenbergs, in denen er, teilweise in direktem Zusammenhang mit den beiden genannten Arbeiten, die Quantentheorie und unsere Kenntnis vom Atombau wesentlich gefördert hat.

Dagegen ist es vielleicht angebracht, über den Anteil an-

Nobelvorschlag von Pauli

27.

deren Forscher an der Entwicklung der modernen Quantentheorie und ihr Verhältnis zu den Leistungen Heisenbergs etwas zu sagen. Eine Leistung ähnlichen Formates wie die Heisenberg'sche ist Schrödingers Aufstellung der nach ihm benannten Wellengleichung und die hieraus von ihm entwickelte Wellenmechanik, die bald mit Heisenbergs Matrizenmechanik zu einem einheitlichen Ganzen, der modernen Quantentheorie verschmolzen ist. Wenn ich Heisenberg vor Schrödinger für den Nobelpreis in Vorschlag bringe, so geschieht es in Berücksichtigung folgender beiden Umstände. Erstens geht Heisenbergs Matrizenmechanik der Schrödinger'schen Arbeit zeitlich voran, zweitens muss Heisenbergs Schöpfung als die noch originalere gelten, da Schrödinger in der Idee wesentlich an de Broglie (bereits Nobelpreisträger) anknüpfen konnte. Was sodann Heisenbergs zweite grosse Leisung, die Aufstellung des Unbestimmtheitsprinzips betrifft, so ist es richtig, dass seine Begründung von Bohr später verbessert, vereinfacht und vertieft worden ist. Das Verdienst Heisenbergs, das Prinzip zum ersten Male sowohl seinem Inhalt als auch seiner Bedeutung nach erkannt zu haben, wird dadurch aber nicht geschmälert.

So glaube ich, dass Heisenberg von jedem Gesichtspunkte aus zur Zeit am meisten den Anforderungen entspricht, welche gemäss den Statuten der Nobel-Stiftung und den Intentionen ihres Gründers an einen Preisträger zu stellen sind.

In vorzüglicher Hochachtung
Ihr sehr ergebener
W. Pauli.

schen Vorganges, da sich die beiden Kenntnisse ausschließen [...] Denn um etwa die chemischen Vorgänge der Gehirnzellen festzustellen, muss man den Organismus so stören, dass von einer Beobachtung seelischer Vorgänge keine Rede mehr sein kann.«

Die Quantenmechanik erforderte einen neuen Begriff von Realität: während im 19. Jahrhundert die Vorstellung herrschte, die Natur existiere unabhängig davon, ob wir sie beobachten, sie sei real jenseits menschlicher Erkenntnis, zwingt uns die Beobachtung der atomaren Welt dazu, zu erkennen, dass es eine Wechselwirkung zwischen Beobachter und Gegenstand gibt, dass sich die Gegenstände durch Beobachtung verändern, und dass wir Kenntnis über physikalische Größen der Objekte nur dann bekommen, wenn wir sie messen. Die bildliche Vorstellung von einem Atom war jetzt nicht mehr das Planetenmodell Bohrs, sondern ein Atomkern, umgeben von Elektronen, deren Aufenthaltswahrscheinlichkeit einer Wolke ähnelt.

Das neue Bild des Atoms

Anwendungen der Quantenmechanik

Unmittelbar nach der endgültigen Formulierung der Quantenmechanik setzte die Anwendung der Theorie auf alle Probleme der Atom- und Molekülphysik ein. Heisenberg selbst gab den Anstoß zur Behandlung fester Körper, indem er seine Theorie des Ferromagnetismus ausarbeitete. Sein erster Doktorand Felix Bloch begründete die Theorie des Festkörpers, indem er die Quantenmechanik auf periodische Strukturen von Atomen anwandte. In kurzer Zeit trat die Quantenmechanik ihren Siegeszug durch die Welt der Physik an, und zahlreiche technische

Anwendungen folgten. Heute beruhen etwa zwei Drittel der industriellen Produktion auf der Quantenmechanik. Wer fernsieht, Radio hört oder mit einem Computer im Internet Informationen abruft, wer einen CD-Player benutzt, mit dem Handy telefoniert, mit einer Digitalkamera fotografiert oder ein Dokument einscannt, benutzt Quantentechnologien. Dasselbe gilt für Röntgengeräte, Computertomographen, Kernspinresonanz-Tomographen, Krebstherapie mit Röntgenstrahlung. Auch die Verschlüsselung von Daten bei der Übertragung kann mit Quantenkryptographie erreicht werden.

Magnetismus

Heisenbergs erstes Interesse in Leipzig war eine Theorie des Ferromagnetismus. Hierbei handelt es sich um das Phänomen, dass die Metalle Eisen, Kobalt und Nickel in einem von außen angelegten Magnetfeld das Feld um einige Größenordnungen verstärken. Das beruht darauf, dass sich die Elektronen der Atome in diesen Materialien als Elementarmagneten nach dem äußeren Feld ausrichten. Die klassische Theorie konnte das nicht erklären. Wenn man aber die quantenmechanischen Austauschkräfte berücksichtigt, sind die elektrischen Kräfte zwischen den Elektronen im Kristallgitter stark genug, um eine kollektive Ausrichtung der Elementarmagneten und eine riesige Verstärkung des äußeren Magnetfeldes zu bewirken.

Um das zu erreichen, muss, wie Heisenberg zeigte, im Kristallgitter jedes Atom von mindestens acht Nachbarn umgeben sein, und die für den Magnetismus verantwortlichen Elektronen müssen sich in der dritten Schale der Elektronenwolke um das Atom befinden. Eisen, Kobalt und Nickel erfüllen diese beiden Bedingungen.

Halbleiter, integrierte Schaltkreise und Computer

Heute beruhen alle elektronischen Geräte auf der Halbleitertechnologie. Während elektrische Leiter aus Metallen wie Kupfer oder Aluminium hergestellt werden und viele Materialien den Strom gar nicht leiten, sondern als Isolatoren Verwendung finden, gibt es eine Gruppe von Materialien wie Silizium oder

Gallium-Arsenid, deren elektrische Leitfähigkeit von außen mit elektrischen Potentialen gesteuert werden kann. Deshalb können diese Stoffe als Schalter und als Informationsspeicher (Memory) dienen. Die Eigenschaften von Halbleitern kann man mit quantenmechanischen Rechnungen bestimmen. Der erste solche Schalter war der Transistor, und die technische Entwicklung macht es heute möglich, Milliarden von solchen Transistoren oder Speicherelementen auf einen Silizium-Chip von Briefmarkengröße unterzubringen. Diese integrierten Schaltkreise (*integrated circuit* IC) und Speicher bilden die Grundlage jedes Computers, Laptops, Tablets, Mobiltelefons.

Quantencomputer, Quantenkryptographie

Die Quantenmechanik ermöglicht auch eine neue Methode, Computer mit Hilfe von Quantenzuständen zu bauen. Die Entwicklung solcher Rechenmaschinen würde die Rechengeschwindigkeit stark erhöhen, weil die Quantenlogik die gleichzeitige Ausführung von Rechenoperationen erlaubt. Noch weiter in der Entwicklung ist die Benutzung von Quantentechniken zur Kodierung der Datenübertragung. Wenn Daten vom Absender so verschlüsselt werden, kann nur der Empfänger sie entschlüsseln. Er kann auch feststellen, ob ein Dritter versucht, die Übertragung abzuhören.

Der Laser

Die Lichtquellen, die wir vor 1900 kannten, die Sonne, die Kerze, die Öllampe, die Glühlampe, sind heiße Körper, die Wärmestrahlung und Licht aussenden. Die Farbe, die wir sehen, entspricht der Temperatur des strahlenden Körpers, bei der Sonne entspricht die gelbe Färbung der Oberflächentemperatur von 6000 Grad Celsius und einer Wellenlänge des Lichts von 532 Nanometern. Im Sonnenlicht sind aber auch andere Wellenlängen (Farben) enthalten, vom ultravioletten kurzwelligen Licht bis zur infraroten Wärmestrahlung.

Beim Übergang zwischen zwei Quantenzuständen eines Atoms wird hingegen nur Licht einer Wellenlänge emittiert. Ein Atom in einem angeregten Zustand, dessen Energie höher ist als die des Grundzustandes, kann auf zwei Weisen in den energetisch tieferliegenden Zustand übergehen: entweder spontan (zufällig) unter Aussendung eines Lichtquants, dessen Energie der Differenz der beiden Zustände entspricht; oder »stimuliert« durch einfallendes Licht. Wenn es nun gelingt, eine große Zahl von Atomen in denselben angeregten Zustand zu versetzen, indem man in einer Spiegelanordnung (dem Resonator) den Atomen genügend Energie zuführt – man nennt das optisches Pumpen – dann kann man alle angeregten Atome durch die Einstrahlung zum gleichzeitigen Quantensprung stimulieren. Dann haben wir *Light Amplification by Stimulated Emission of Radiation*, also einen LASER. Dabei wird ein sehr intensives Licht einer Farbe emittiert, und die Photonen fliegen alle in die gleiche Richtung entlang der Resonatorachse. Dieses sehr intensive, monochromatische, gebündelte Licht gab es zunächst als rote Lichtquelle, dann auch als grüne und blaue. Es gibt unzählige Anwendungen, vom Auslesen von CDs und der Datenspeicherung auf CDs, dem Schneiden der Hornhaut des Auges, dem Sägen massiver Werkstücke, der Übertragung von Daten und Telefongesprächen über Glasfasern, dem Laserdrucker, dem Laser-Pointer, der Geodäsie bis zur Verwendung im Laser-Interferometer für Gravitationswellen und der Spektroskopie von Atomen.

Supraleiter

Manche Stoffe leiten bei tiefen Temperaturen den elektrischen Strom ohne jeglichen Verlust, der elektrische Widerstand verschwindet beim Unterschreiten einer bestimmten Temperatur vollständig. Diese Sprungtemperatur liegt bei den meisten Supraleitern wie Niob und Blei oder einer Niob-Titan-Legierung bei einigen Grad über dem absoluten Nullpunkt bei minus 273 Grad, sodass flüssiges Helium als Kühlmittel verwendet werden muss. Einige neu gefundene keramische Materialien, sog. Perowskite, werden schon bei höheren Temperaturen supraleitend, sodass die Kühlung mit flüssigem Stickstoff ausreicht. Die Quantenmechanik bietet die Erklärung für dieses sprunghafte Verhalten und gibt Hinweise, in welcher Richtung man suchen muss, um neue Supraleiter zu finden.

Die quantenmechanische Erklärung beschreibt die Supraleitung dadurch, dass Paare von Elektronen sich widerstandsfrei durch das Kristallgitter bewegen, wie die Theoretiker Bardeen, Cooper und Schrieffer herausfanden. Im Gegensatz zu der normalen elektrischen Leitung, die durch die Bewegung der Elektronen im »Leitungsband« des Metalls verursacht wird, sind es hier zwei Elektronen mit entgegengesetztem Eigendrehimpuls oder »Spin«, die ein Paar bilden. Alle diese Paare haben den Spin Null, sie gehorchen der Bose-Einstein-Statistik und können deshalb im selben Quantenzustand sein und sich synchron bewegen so wie die Photonen im Laser.

Supraleitende Magnetspulen zur Erzeugung extrem hoher Feldstärken werden bei der medizinischen Kernspintomographie und bei Hochenergie-Teilchenbeschleunigern benötigt. Konventionelle Magnete sind bei diesen Anwendungen wegen der hohen Energieverluste durch Wärmeentwicklung nicht brauchbar.

Kernspintomographie

Die Bestandteile des Atomkerns sind die geladenen Protonen und die neutralen Neutronen. Beide haben wie die Elektronen der Atomhülle einen Eigendrehimpuls oder »Spin«. Das Proton hat zusätzlich ein magnetisches Dipolmoment, es ist wie das Elektron ein Elementarmagnet, seine Stärke ist 2,79-mal größer als die des Elektrons, weil das Proton nicht punktförmig, sondern ausgedehnt ist, und weil sich die magnetischen Momente seiner Bestandsteile, der Quarks, addieren.

In einem äußeren Magnetfeld richten sich die Elementarmagnete der Protonen nach diesem Feld aus, und zwar entweder in Richtung des Feldes oder entgegen dieser Richtung. Wenn man nun durch ein hochfrequentes elektrisches Wechselfeld dem Atom genau so viel Energie zuführt, wie zum Umklappen des magnetischen Moments des Protons nötig ist, so erhält man ein elektrisches Signal, aus dem man die Position des Protons bestimmen kann. Diese Methode heißt Kern-Magnetische Resonanz oder NMR (*nuclear magnetic resonance*). Sie kann in Magnet-Resonanz-Tomographen (MRT) verwendet werden, um sehr genaue Abbildungen von Weichteilen des

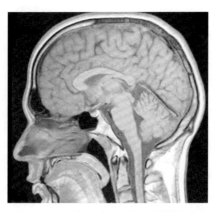

Eines von vielen Anwendungsbeispielen: Das MRT-Verfahren

Körpers zu erhalten. Im Gegensatz zu Röntgenaufnahmen sieht man die Knochen kaum, weil sie wenig Wasser enthalten, während die Gehirnmasse und Knorpel in Gelenken hervorragend abgebildet werden.

5 Vertreibung und Kriegsjahre

5.1 Einstein und Deutschland

Einsteins Verhältnis zu Deutschland erlebte Höhen und Tiefen. Im Jahre 1954, ein Jahr vor seinem Tod, verfasste er eine Kurzbiographie, die mit den Worten beginnt:

> »Ich bin 1879 als Deutscher in Ulm geboren. Meine Jugend verbrachte ich in München, wo ich das Gymnasium besuchte. Nach kurzem Aufenthalt in Italien ging ich 1895 in die Schweiz.1896-1900 studierte ich in Zürich am Eidgenössischen Polytechnikum Mathematik und Physik«.

Sieben Jahre vor Einsteins Geburt war das Königreich Württemberg Mitglied des deutschen Reiches geworden, hatte aber noch das Sonderrecht, dass seine Bürger die württembergische Staatsangehörigkeit besaßen. Als Einstein das Münchner Gymnasium in Richtung Mailand verließ, war einer der Gründe, der drohenden Musterung zum Wehrdienst zu entgehen. Da die Bewerbung um die Zulassung zum Studium am eidgenössischen Polytechnikum in Zürich ohne Abitur scheiterte, musste er die Matura am Gymnasium in Aarau nachholen. In dieser Zeit stellte er den Antrag auf Entlassung aus der württembergischen Staatsbürgerschaft, der im Januar 1896 genehmigt wurde.

Während der nächsten fünf Jahre war er staatenlos, nach dem Studium stellte er den Antrag auf die schweizerische Staatsangehörigkeit. Am 21. Februar 1901 erhielt er die Züricher Staatsbürgerschaft und war damit Schweizer.

Über die Zwischenstationen Bern, Zürich, Prag und wieder Zürich wurde Einstein schließlich 1913 Ordentliches hauptamtliches Mitglied der Preußischen Akademie der Wissenschaften und damit »de jure« preußischer und deutscher Staatsangehöriger. Während des Krieges, als er intensiv an der Allgemeinen

Relativitätstheorie arbeitete und die entscheidenden Fortschritte erzielte, verschlechterte sich sein Gesundheitszustand, die Scheidung von Mileva, die unregelmäßige Lebensweise eines Junggesellen, der Mangel an Lebensmitteln, der auch nicht durch gelegentliche Pakete aus der Schweiz nicht behoben wurde, zehrten an seinen Kräften.

Nach der Niederlage Deutschlands 1918 sahen Einsteins Züricher Freunde, insbesondere Professor Heinrich Zangger die Chance, ihn für Zürich zurückzugewinnen. Sie erreichten, dass im August 1918 ein Ruf auf eine Doppelprofessur an der ETH und der Universität Zürich an Einstein ging. Er lehnte ab. In einem Brief an Michele Besso begründet er die Absage:

> »Wenn Du aber sehen würdest, wie schöne Beziehungen sich zwischen meinen nächsten Kollegen (besonders Planck) und mir herausgebildet haben und wie mir hier alle entgegengekommen sind und stets entgegenkommen, wenn Du ferner vergegenwärtigst, dass meine Arbeiten erst durch das Verständnis, das sie hier gefunden haben, zur Wirkung gelangt sind, dann wirst Du doch begreifen, daß ich mich nicht entschließen kann, dieser Stätte den Rücken zu kehren.«

Planck und Nernst waren die ersten gewesen, die Einstein als Wissenschaftler ernst genommen und die Bedeutung seiner Arbeiten erkannt sowie ihm zur Anerkennung in der wissenschaftlichen Welt verholfen hatten. Das vergaß er nicht. Mit ihnen kam er regelmäßig zusammen, wie z. B. beim Besuch des amerikanischen Nobelpreisträgers Robert Andrews Millikan in Berlin 1931.

Nach der Abdankung Kaiser Wilhelms II. am 9. November 1918 und der Revolution der Arbeiter-und Soldatenräte war Einstein begeistert von dem Ende des Kaiserreichs und dem Weg zur Weimarer Verfassung. Er schrieb an seine Mutter »Bisher ging alles glatt, ja imposant. Ich bin sehr glücklich über die Entwicklung der Sache. Jetzt wird es mir erst recht wohl hier.« Mit Max Born und Max Wertheimer fuhr er zum Reichstagsgebäude, um die Beratungen zu verfolgen. Vor dem Studentenrat plädierte er für eine parlamentarische Demokratie und gegen das sowjetische Rätesystem.

5.1 Einstein und Deutschland

Einstein mit Nernst, Planck, Millikan und v. Laue 1931

Als Arnold Sommerfeld ihm schrieb: »Ich höre, dass Sie an die neue Zeit glauben und an ihr mitarbeiten wollen«, antwortete er:

> »es ist wahr, dass ich von dieser Zeit mir was erhoffe. Ich bin der festen Überzeugung, dass kulturbewusste Deutsche auf ihr Vaterland bald wieder so stolz sein dürfen wie je – mit mehr Grund als vor 1914.«

Nachdem die Beobachtung der Lichtablenkung im Schwerefeld der Sonne durch die Expeditionen der Britischen *Royal Astronomical Society* die Allgemeine Relativitätstheorie auf spektakuläre Weise bestätigt hatte, war dies natürlich auch ein politisches Ereignis: die Gravitationstheorie eines Deutschen hatte Newton vom Thron gestoßen, wie eine Zeitung schrieb. Einstein war eine weltbekannte Berühmtheit geworden. An die Londoner Times schrieb er 1919:

> »Heute werde ich in Deutschland als ›deutscher Gelehrter‹, in England als ›Schweizer Jude‹ bezeichnet. Sollte ich aber einst in die Lage kommen, als bête noire präsentiert zu werden, dann wäre ich umgekehrt für die Deutschen ein ›Schweizer Jude‹ und für die Engländer ein ›deutscher Gelehrter‹.«

Im November 1922 erkannte das Nobelkomitee Einstein den Preis für Physik zu, doch er reiste gerade mit Elsa durch Japan und konnte zur Preisverleihung nicht kommen. Es entspann sich ein Wettstreit zwischen dem deutschen und dem schweizerischen Botschafter in Schweden, wer den Preis stellvertretend entgegennehmen durfte. Die preußische Akademie gab die Auskunft, mit der Annahme der Stelle an der Akademie sei er »de jure« Deutscher geworden, und der deutsche Botschafter nahm den Preis entgegen.

Rückkehr aus Japan 1922 mit Elsa

Bei seiner Rückkehr 1922 zweifelte Einstein an, die deutsche Staatsbürgerschaft damals angenommen zu haben, akzeptierte dies aber schließlich. Nun war er Doppelstaatler. Als er 1925 die Schweizer Botschaft in Berlin um einen Diplomatenpass ersuchte, um als Mitglied der Kommission für intellektuelle Zusammenarbeit zum Völkerbund nach Genf sowie nach Südamerika zu reisen, wurde ihm dieser verweigert; den deutschen Diplomatenpass erhielt er, weil das Auswärtige Amt immer Wert darauf legte, dass Einstein mit einem deutschen Pass reiste.

5.1 Einstein und Deutschland

Der heraufziehende Nationalsozialismus und der Antisemitismus fanden in Einstein ein Objekt für ihre Hassparolen. Während Max von Laue, Max Planck und Werner Heisenberg die Relativitätstheorie in öffentlichen Vorträgen verteidigten und als großen Fortschritt und unverzichtbaren Teil der modernen Physik betrachteten, gab es eine Fraktion von Professoren, die die Relativitätstheorie als jüdisch ablehnten und gegen sie polemisierten. Es waren insbesondere Philipp Lenard in Heidelberg und Johannes Stark, der Präsident der Physikalisch-Technischen Reichsanstalt in Berlin, die eine »deutsche Physik« schaffen wollten.

Einsteins Optimismus bezüglich der Entwicklung der Weimarer Republik war verschwunden. Am 17. Juli 1931 schrieb er an Max Planck, er habe die Absicht, die deutsche Staatsbürgerschaft aufzugeben, bei Aufrechterhaltung seiner Stellung an der Akademie der Wissenschaften. Berlin war trotz des Gewichts von Einstein, Planck, von Laue, Nernst und Haber nicht mehr das Zentrum der Physik, denn Göttingen und Leipzig waren durch die Entwicklung der Quantenmechanik wichtiger geworden.

Noch weiter ging Einstein im September 1932. Dem preußischen Ministerium teilte er mit, er habe sich gebunden, während des Winterhalbjahrs 1932/33 in Princeton zu sein.

> »Diese Verpflichtungen sind natürlich mit den Voraussetzungen meiner Anstellung als Mitglied der Preuss. Akademie der Wissenschaften […] nicht vereinbar. Es wird also die Frage gestellt werden müssen, ob eine Aufrechterhaltung meiner Anstellung an der Akademie unter den neuen Bedingungen überhaupt möglich ist bzw. gewünscht wird.«

Im Dezember 1932 reiste Einstein mit Elsa nach Amerika. Im Januar 1933 ernannte Hindenburg Hitler zum Reichskanzler und ermöglichte damit die Machtergreifung der NSDAP und die Umwandlung der Demokratie zur Diktatur. Am 23. März 1933 beschloss der Reichstag das »Ermächtigungsgesetz«. Einstein reagierte entschlossen. Er schrieb eine scharfe Erklärung gegen die Akte brutaler Gewalt und Unterdrückung und stellte sie der *Internationalen Liga zur Bekämpfung des Antisemitismus* zur Verfügung.

Noch während der Rückfahrt mit dem Schiff, am 28. Februar 1933, verfasste er seine Austrittserklärung aus der Akademie, am 30. März 1933 wurde sie in der Akademiesitzung verlesen. Die Akademie habe ihm 19 Jahre die Möglichkeit gegeben, sich frei von jeder beruflichen Verpflichtung wissenschaftlicher Arbeit zu widmen, aber: »Die durch meine Stellung bedingte Abhängigkeit von der Preußischen Regierung empfinde ich unter den gegenwärtigen Umständen als untragbar.«

Als Schlusspunkt seiner Berliner Zeit beantragte er am 4. April 1933 von Ostende aus die Entlassung aus der preußischen (deutschen) Staatsbürgerschaft. Die Reaktionen in Deutschland zeigten, dass die meisten Menschen noch nicht erkannt hatten, wie gefährlich der Antisemitismus des NS-Regimes für jüdische Staatsbürger war. Sogar deutsche Juden kritisierten Einstein.

Einstein kehrte nach seinem Aufenthalt in Belgien nach Amerika zurück. Im Oktober 1933 kam er in New York an und ließ sich in Princeton nieder. Zwei Jahre später zog er in sein Haus in der Mercer Street 112. Er erklärte, er werde nie mehr nach Deutschland zurückkehren.

Möglicherweise hat Albert Einstein entgegen seinen Bekundungen Deutschland im Juni 1952 doch noch einmal besucht, wie es ein Brief vom 20. Juli desselben Jahres vermuten lässt, den er an den Direktor des Schlossmuseums Büdingen (Hessen) sandte.

Ein Zeitzeuge ist der damals 22 Jahre alte Physikstudent Rainer Lott, mit dem ich im September 2015 in Murnau gesprochen habe. Er studierte damals im ersten Semester an der Universität Gießen und kam abends nach Büdingen nach Hause. Dabei traf er seinen zwei Jahre jüngeren engen Freund Erhart Karrer, der noch ins Gymnasium ging. Der erzählte ihm, er habe heute seinen Deutschlehrer Josef Neupärtl und Einstein als Fremdenführer durch das mittelalterliche Büdingen geführt. Natürlich war Rainer Lott beeindruckt. Als dann sein Vater Friedrich Karl Lott nach Hause kam, erzählte dieser seinem Sohn, er habe heute, als er auf dem Weg zu seinem Hochstand im Wald war, auf dem Platz zwischen dem Jerusalem-Tor und dem Restaurant *Stern* zwei Herren getroffen, einer sei sein Lehrer Dr. Josef Neupärtl gewesen, der andere auch ein Professor. Herr Neupärtl habe ihm den namentlich vorgestellt. Der Gast habe ihn nach seinem Beruf gefragt. Auf die Auskunft, er sein Geometer beim Vermessungsamt, sagte Einstein, »Da haben wir ja fast denselben Beruf«.

Die beiden Herren besuchten auch das Fürstliche Schlossmuseum. Am 5. Juli schrieb der Direktor des Schlossmuseums, der an dem Besuchstag nicht anwesend war, an Einstein in Princeton, er bedaure, bei dessen Besuch nicht dabei gewesen zu sein. Er sende ihm zur Vertiefung seiner Eindrücke hiermit einen Schlossführer (Cicerone). Einstein bedankte sich am 20. Juli 1952 für den Brief und den Führer.

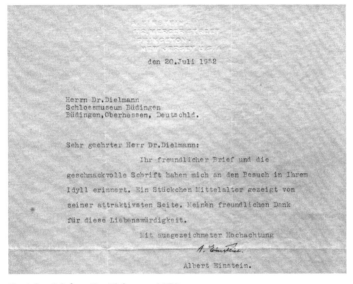

Einsteins Brief an Dr. Dielmann 1952

»Ihr freundlicher Brief und die geschmackvolle Schrift haben mich an den Besuch in Ihrem Idyll erinnert. Ein Stückchen Mittelalter zeigt von seiner attraktivsten Seite. Meinen freundlichen Dank für diese Liebenswürdigkeit. Mit ausgezeichneter Hochachtung Albert Einstein.«

5.2 Einsteins Pazifismus, die Bombe und der Franck-Report

Seit seiner Jugend hatte Einstein eine starke Abneigung gegen jeden Zwang, dem er sich ausgesetzt sah, sei es in der Schule, sei es durch wissenschaftliche oder religiöse Lehrmeinungen, die er für falsch hielt, und besonders hasste er das Militär mit seiner Befehlsstruktur und der Pflicht zum Gehorsam. Es war deshalb folgerichtig, dass er sich der Musterung in München durch seine Flucht nach Italien entzog. Zu seinem Glück musste er nach seiner Einbürgerung in die Schweiz den obligatorischen Militärdienst nicht absolvieren, weil er ausgemustert wurde. Sein positives Bild der Schweiz wurde so nicht beschädigt.

Nachdem er trotz seiner Vorbehalte gegen den preußischen Militarismus dem Ruf nach Berlin gefolgt war, beteiligte er sich nicht an der politischen Unterstützung des Krieges, sondern widmete sich der Ausarbeitung seiner Allgemeinen Relativitätstheorie. Als dann der Krieg verloren war und der Kaiser abdankte, sah er das als große Chance. »Das Große ist geschehen«, schrieb er an die Schwester, »Daß ich das erleben durfte! [...] Bei uns ist der Militarismus und der Geheimratsdusel gründlich beseitigt.« Und an die Mutter: »Jetzt wird mir recht wohl hier. Die Pleite hat Wunder getan. Unter den Akademikern bin ich so eine Art Obersozi«. Er engagierte sich politisch für die Sozialdemokratie, hatte auch Sympathie für die Kommunisten in Russland und Deutschland. Er war seit 1915 Mitglied im *Bund Neues Vaterland*, der sich später in *Deutsche Liga für Menschenrechte* umbenannte. Der Bund verlangte 1918 in Telegrammen an den Reichskanzler und die Minister die Freilassung der politischen Gefangenen, die Versammlungs-, Rede- und Pressefreiheit, gleiches, geheimes Wahlrecht zur Wahl einer Nationalversammlung und die »Ausrottung der Menschennot durch Vergesellschaftung der Produktionsmittel«, kurz, die Errichtung einer sozialistischen Gesellschaft. Das Parteiprogramm wurde von einem Hauptausschuss ausgearbeitet und unterschrieben, dem neben Magnus Hirschfeld Einstein, Max Wertheimer, Heinrich Mann, Graf Arco und Käthe Kollwitz angehörten. Im Juni 1924 ersuchte Einstein um eine Audienz beim

Reichskanzler Dr. Marx, die schon fünf Tage später gewährt wurde. Er setzte sich für die Freilassung des zu 15 Jahren Festungshaft verurteilten kommunistischen Hauptakteurs der Bayerischen Räteregierung, Erich Mühsam, ein. Mühsam wurde ein Jahr später vorzeitig entlassen.

Eine weitere Mitgliedschaft fügte sich ab 1923 an: die *Gesellschaft der Freunde des neuen Russland*, deren Zentralkomitee Einstein angehörte. In dem Aufruf der Gesellschaft heißt es:

> »Deutschland und Russland, wirtschaftlich und geistig aufeinander angewiesen, hätten das allergrößte Interesse daran, einander näher zu kommen […] um die verheerenden Wirkungen des Weltkrieges zu beseitigen, müssen sich die kulturell Arbeitenden der beiden Länder zu einer Kulturgemeinschaft zusammenschließen.«

Das Auswärtige Amt hielt in einem Vermerk fest, die politische Einstellung der Vereinigung sei im Sinne einer bejahenden Einstellung zum Kommunismus zu verstehen.

Im selben Sinne kann man Einsteins Mitgliedschaft im Kuratorium der *Roten Hilfe*, einer Hilfsorganisation der KPD, sehen. Die *Rote Hilfe* war Teil der *Internationalen Arbeiterhilfe* (IAH), deren deutscher Zweig von der KPD im Jahr 1925 gegründet worden war. Die ersten Vorsitzenden waren Wilhelm Pieck und Clara Zetkin. 1927 wurde Einstein sogar in das Zentralkomitee der IAH gewählt. »Die Politik entwickelt sich eigentlich konsequent nach der bolschewistischen Seite hin«, schrieb er am 17. Januar 1920 an Max Born. Dem russischen Kommunisten Karl Radek, der am Gründungsparteitag der KPD teilgenommen hatte, zollte er Hochachtung, er verstehe sein Geschäft. Sogar über Lenin äußerte er sich lobend:

> »Ich verehre in Lenin einen Mann, der seine ganze Kraft unter völliger Aufopferung seiner Person für die Realisierung sozialer Gerechtigkeit eingesetzt hat.«

Als eine Gruppe europäischer Intellektueller einen politischen Prozess in der Sowjetunion gegen »die 48 Schädlinge« in einer Erklärung kritisierte, unterschrieb er zunächst, bedauerte aber seine Unterschrift später, da er die Kritik an der Sowjetunion nicht mehr für richtig halte. Vor der Reichstagswahl 1932 forderte er zusammen mit Heinrich Mann und Käthe Kollwitz die Vorsitzenden der SPD und KPD, Otto Wels und Ernst Thälmann und den Vorsitzenden der Gewerkschaft ADGB, Theodor Leipart, in einem offenen Brief auf, eine antifaschistische Einheitsfront zu bilden und gemeinsame Kandidatenlisten aufzustellen, ohne Erfolg.

Dringender Appell!

Die Vernichtung aller persönlichen und politischen Freiheit

in Deutschland steht unmittelbar bevor, wenn es nicht in letzter Minute gelingt, unbeschadet von Prinzipiengegensätzen alle Kräfte zusammenzufassen, die in der Ablehnung des Faschismus einig sind. Die nächste Gelegenheit dazu ist der 31. Juli. Es gilt, diese Gelegenheit zu nutzen und endlich einen Schritt zu tun zum

Aufbau einer einheitlichen Arbeiterfront,

die nicht nur für die parlamentarische, sondern auch für die weitere Abwehr notwendig sein wird. Wir richten an jeden, der diese Überzeugung mit uns teilt, den dringenden Appell, zu helfen, daß

ein Zusammengehen der SPD und KPD für diesen Wahlkampf

zustande kommt, am besten in der Form gemeinsamer Kandidatenlisten, mindestens jedoch in der Form von Listenverbindung. Insbesondere in den großen Arbeiterorganisationen, nicht nur in den Parteien, kommt es darauf an, hierzu allen erdenklichen Einfluß aufzubieten. Sorgen wir dafür, daß nicht Trägheit der Natur und Feigheit des Herzens uns in die Barbarei versinken lassen!

Chi-yin Chen / Willi Eichler / Albert Einstein / Karl Emonts / Anton Erkelenz / Hellmuth Falkenfeld / Kurt Großmann / E. J. Gumbel / Walter Hammer / Theodor Hartwig / Vitus Heller / Kurt Hiller / Maria Hodann / Hanns-Erich Kaminski / Erich Kästner / Karl Kollwitz / Käthe Kollwitz / Arthur Kronfeld / E. Lanti / Otto Lehmann-Rußbüldt / Heinrich Mann / Pietro Nenni / Paul Oestreich / Franz Oppenheimer / Theodor Plivier / Freiherr von Schoenaich / August Siemsen / Minna Specht / Helene Stöcker / Ernst Toller / Graf Emil Wedel / Erich Zeigner / Arnold Zweig

Plakat des Aufrufs an SPD und KPD

5.2 Einsteins Pazifismus, die Bombe und der Franck-Report

Viele Jahre später schrieb er 1944 an Max Born: er müsse heute bei der Erinnerung an 1918 bitter lachen, dass er einmal geglaubt habe, aus den Kerlen dort ehrliche Demokraten machen zu können. Sie beide seien naiv gewesen als Männer von 40 Jahren.

Neben der Arbeit in den politischen Vereinigungen beteiligte sich Einstein auch zunehmend an zionistischen Organisationen. Er war Präsidiumsmitglied des *Jüdischen Friedensbundes* und seine Frau Elsa arbeitete im *Frauenausschuss des Friedensbundes* mit. Er rief in einer Botschaft an die jüdische Gemeinschaft dazu auf, eine »freiwillige Jüdische Friedenssteuer« einzurichten, um eine wirksame Beteiligung der Judenheit am Friedenswerk zu sichern. Seine Amerikareisen 1921 und 1931 waren Werbeaktionen für die Gründung eines jüdischen Staates in Palästina und für einen strikten Pazifismus. Sein Auftreten war teilweise von einer Massenhysterie begleitet, das öffentliche Interesse und die Presseberichterstattung waren überwältigend. Bei Banketten der *Palestine Campaign*, bei denen Einstein der Festredner war, wurden für die Kolonisation Palästinas beträchtliche Summen gespendet.

Während dieser Zeit vertrat Einstein einen »militanten Pazifismus«, er rief zur Kriegsdienstverweigerung »unabhängig von der Beurteilung der Kriegsursachen« auf. Selbst wenn ein Volk überfallen werde, habe es kein Recht auf Verteidigung. Das änderte sich in dem Moment, an dem in Deutschland die Nationalsozialisten die Macht übernahmen.

Nun erklärte er:

> »Weil Deutschland offenkundig mit allen Mitteln auf einen Krieg hinarbeitet, befinden sich Frankreich und Belgien in einer schweren Gefahr und sind auf ihre Wehrmacht unbedingt angewiesen […] Unter den heutigen Umständen würde ich als Belgier den Kriegsdienst nicht verweigern, sondern ihn in dem Gefühl, der Rettung der europäischen Zivilisation zu dienen, gerne auf mich nehmen.«

Seine pazifistischen Gesinnungsfreunde waren entsetzt darüber, dass er bei der ersten Gelegenheit, bei der sein Pazifismus der Realität begegnete, seine Prinzipien aufgab. Romain Rolland schrieb am 15. September 1933 an Stefan Zweig:

»Einstein ist als Freund einer Sache gefährlicher als ihr Feind. Genie hat er nur in seiner Wissenschaft. Auf anderen Gebieten ist er ein Tor [...] Seine Erklärungen vor zwei Jahren zugunsten der Wehrdienstverweigerung in Amerika waren absurd und haltlos [...] Junge Menschen glauben zu machen, dass ihre Verweigerung den Krieg aufhalten könnte, war von verbrecherischer Naivität [...] Jetzt nun macht er eine Kehrtwendung und verrät die Kriegsdienstverweigerer mit derselben Leichtfertigkeit, mit der er sie gestern unterstützte [...] Er ist nur für seine Gleichungen geschaffen.«

Der heraufziehende Weltkrieg und die Entdeckung der Spaltung des schweren Elements Uran durch Otto Hahn und Fritz Straßmann sowie die durch Lise Meitner und Otto Frisch aufgezeigte Möglichkeit, durch die bei der Spaltung freiwerdenden Neutronen eine Kettenreaktion auszulösen, beunruhigten die Physiker. Unmittelbar nach der Entdeckung in Deutschland wiederholte Enrico Fermi in Chicago die Versuche und bestätigte die Ergebnisse. Zusammen mit dem ungarischen in die USA geflüchteten Physiker Leo Szilard versuchte Fermi in einem kleinen Reaktor eine Kettenreaktion zu erzeugen. Dazu mussten die bei der Spaltung des Urans entstehenden Neutronen verlangsamt werden, um wieder eine Spaltung hervorzurufen. Zur Bremsung der Neutronen eignete sich Wasser nicht, da es die Neutronen absorbierte. Szilard kam auf die Idee, hochreines Graphit zu verwenden. Dabei musste darauf geachtet werden, dass das Graphit keine Verunreinigung durch das Neutronen absorbierende Element Bor enthalten durfte. Zur Beschaffung von Uran und Graphit fehlten aber die Mittel. Szilard und sein Kollege Eugene Wigner waren der Überzeugung, die USA sollten daraus eine Waffe gegen Deutschland entwickeln. Um eine Chance zu haben, zum amerikanischen Präsidenten mit diesem Vorschlag durchzudringen, plante Szilard, den weltweit bekanntesten und prominentesten aller Physiker für einen Brief an den Präsidenten der USA zu gewinnen. Szilard besuchte also am 12. Juli 1939 zusammen mit Wigner Einstein auf Long Island, der sagte, er habe daran (d. h. an die Möglichkeit, mit Uran eine Bombe zu bauen) gar nicht gedacht, aber stimmte zu, seine Autorität für so einen Brief einzusetzen und die Verantwortung dafür zu übernehmen. Szilard entwarf also einen Brief und suchte Einstein am 2. August 1939 zum zweiten Mal auf. Diesmal war der Fahrer ein ehemaliger Doktorand von Heisenberg, Eduard Teller.

5.2 Einsteins Pazifismus, die Bombe und der Franck-Report

Einstein war bereit, an den amerikanischen Präsidenten zu schreiben, obwohl er bisher immer pazifistische Überzeugungen gehabt hatte und den Waffenbau ablehnte. Die Befürchtung war, dass die Deutschen eine solche Bombe bauen könnten. Er kritisierte lediglich, der Briefentwurf sei zu lang und teilweise unverständlich. Er wünschte eine kürzere Version mit einer klaren Botschaft. Er diktierte Szilard einen kurzen deutschen Entwurf. Während der nächsten Tage übersetzte Szilard diesen Text und arbeitete Verbesserungen ein. Schließlich entstanden so zwei Versionen, eine lange und eine kurze, die Szilard am 2. August 1939 an Einstein schickte. Einstein schickte beide Versionen unterschrieben zurück, gab aber der Langversion den Vorzug.

Durch einen Freund, den österreichischen Journalisten und ehemaligen Reichstagsabgeordneten Gustav Stolper, erfuhr Szilard, dass die beste Möglichkeit, zu garantieren, dass der Brief wirklich vom Präsidenten gelesen wurde, die persönliche Übergabe durch eine Person mit Zugang zum Präsidenten war. Eine solche Person war Alexander Sachs, den Stolper kannte, und der bereit war, sich für die Sache einzusetzen. Sachs war Investmentbankier bei Lehman Brothers. Er hatte im Jahr 1932 den ökonomischen Teil von Wahlkampfreden für Roosevelt geschrieben und war dem Präsidenten durch seine Tätigkeit in verschiedenen Regierungskomitees bekannt, zuletzt seit 1936 in dem *National Policy Committee*. Die endgültige Version des Briefes übergab Szilard an Sachs, damit er diese persönlich beim Präsidenten ablieferte.

Es dauerte aber fast zehn Wochen, bis Sachs die Gelegenheit erhielt, den Brief Einsteins an Roosevelt zu übergeben. Inzwischen hatte Deutschland Polen am 1. September 1939 angegriffen. Robert Jungk erzählt in seinem Buch *Heller als tausend Sonnen* von dieser dramatischen Begegnung am 11. Oktober 1939. Roosevelt saß in seinem Büro im Weißen Haus im Rollstuhl und empfing Sachs. Um sicherzustellen, dass der Präsident den Inhalt des Briefes würdigen würde, anstatt ihn zur Seite zu legen und dann unter der Masse seiner anderen zu bearbeitenden Dokumente zu vergessen, las Sachs ihm den Brief, ein zusätzliches Memorandum von Szilard und ein eigenes ausführliches Schreiben vor. Die Wirkung der einstündigen Vorlesung war nicht so überwältigend, wie es Sachs erwartet und erhofft hatte. Roosevelt war vom langen Zuhören erschöpft und sah keine Notwendigkeit, sich der Sache anzunehmen. Er sagte, das sei sehr interessant, aber zum gegenwärtigen Zeitpunkt sei es zu früh für eine Reaktion seiner Regierung.

Bei der Verabschiedung erreichte Sachs, dass der Präsident ihn zum Frühstück am nächsten Morgen einlud. In dieser Nacht schlief Sachs nicht. Er überlegte fieberhaft, wie er Roosevelt von der Notwendigkeit einer Aktion überzeugen könnte. Zwischen elf Uhr nachts und sieben Uhr am Morgen verließ er drei oder vier Mal das Hotel, um in einem nahegelegenen Park zu meditieren.

> »Was konnte ich sagen, um den Präsidenten in dieser Sache auf unsere Seite zu ziehen, wo es doch schon praktisch hoffnungslos aussah? Plötzlich hatte ich eine Idee, ging zurück ins Hotel, duschte und rief im Weißen Haus an.«

Roosevelt saß allein am Frühstückstisch. Beim Eintreten fragte er Sachs ironisch: »Alex, was hast Du jetzt für eine clevere Idee? Wie lange brauchst Du, um sie mir zu erklären?« Sachs antwortete, er brauche nicht lange. Er wolle ihm nur eine Geschichte erzählen. Während der Napoleonischen Kriege kam ein amerikanischer Erfinder, Robert Fulton, zum französischen Kaiser und bot ihm an, eine Flotte von Dampfschiffen zu bauen, mit denen er England erobern könnte, unabhängig von Wind und Wetter. Schiffe ohne Segel? Unsinn! Napoleon schickte Fulton weg. Der englische Historiker Lord Acton bemerkte, durch die Kurzsichtigkeit seines Gegners sei England gerettet worden. Wenn Napoleon mehr Phantasie gehabt hätte, wäre die Geschichte des 19. Jahrhunderts ganz anders verlaufen.

Als Sachs geendet hatte, blieb der Präsident einige Minuten schweigsam. Dann schrieb er ein paar Worte auf einen Zettel und übergab ihn dem Diener, der am Tisch wartete. Nach einiger Zeit kam dieser mit einem Paket zurück, das er auf Roosevelts Anordnung sorgfältig auspackte. Es war eine Flasche uralten französischen Cognacs *Napoleon*, den die Roosevelt-Familie viele Jahre im Keller liegen hatte. Schweigend wies er den Diener an, zwei Gläser zu füllen, erhob sein Glas und prostete Sachs zu. Und dann bemerkte er trocken: »Alex, what you are after is to see that the Nazis don't blow us up?« Sachs: »Precisely.«

Erst jetzt rief Roosevelt seinen Attaché, General Edwin »Pa« Watson, herein und sagte zu ihm, indem er auf die Dokumente Einsteins und Szilards wies, die berühmten Worte: »Pa, this requires action!« Am selben Tag bestellte Watson den Direktor des National Bureau of Standards, Dr. Lyman Briggs, ein und besprach mit ihm die Bildung eines Komitees mit Vertretern der Armee und der Marine sowie Physikern, das über die Uran-Frage beraten sollte. Der Präsident informierte sofort Sachs über den Beschluss, und dieser reiste zufrieden ab. Damit war das Programm zum Bau der Bombe an der höchsten Stelle angekommen. Der Brief an den amerikanischen Präsidenten Franklin D. Roosevelt hat in meiner Übersetzung den folgenden Wortlaut:

Albert Einstein
Old Grove Rd.
Nassau Point
Peconic

Long Island, August 2nd 1939

F.D.Roosevelt

President of the United States,
White House
Washington, D.C.

Sehr geehrter Herr!

Einige mir im Manuskript vorliegende neue Arbeiten von E[nrico] Fermi und L[eo] Szilard führen mich zu der Erwartung, dass das Element Uran in unmittelbarer Zukunft in eine neue wichtige Energiequelle verwandelt werden kann. Gewisse Aspekte der Situation scheinen die Aufmerksamkeit und, wenn nötig, rasche Aktion der Regierung zu erfordern. Ich halte es daher für meine Pflicht, Ihnen die folgenden Fakten und Empfehlungen zu unterbreiten:

Im Lauf der letzten vier Monate wurde – durch die Arbeiten von Joliot in Frankreich und von Fermi und Szilard in Amerika – die Möglichkeit geschaffen, in einer großen Uranmasse nukleare Kettenreaktionen auszulösen, wodurch gewaltige Energiemengen und große Quantitäten neuer radiumähnlicher Elemente erzeugt würden. Es scheint jetzt fast sicher, dass dies in der allernächsten Zeit gelingen wird.

Das neue Phänomen würde auch zum Bau von Bomben führen, und es ist denkbar – obwohl weniger sicher –, dass auf diesem Wege Bomben eines neuen Typs mit extrem hoher Explosionsgewalt hergestellt werden können. Eine einzige Bombe dieser Art, die auf einem Schiff befördert und in einem Hafen zur Explosion gebracht würde, könnte sehr wohl den ganzen Hafen und Teile der umliegenden Gebiete zerstören. Möglicherweise wären solche Bomben aber zu schwer, um auf dem Luftweg transportiert zu werden.

Die Vereinigten Staaten verfügen nur über bescheidene Mengen von Erzen mit geringem Urangehalt. Kanada und die frühere Tschechoslowakei dagegen haben gute Uran-Erze. Die beste Quelle für Uranerz ist der belgische Kongo.

Im Hinblick auf diese Situation mögen Sie es für wünschenswert erachten, dass ein ständiger Kontakt zwischen der Regierung und der Gruppe von Physikern aufrecht erhalten wird, die in Amerika an der Erzeugung einer Kettenreaktion arbeiten. Das könnte vielleicht dadurch erreicht werden, dass Sie eine Vertrauensperson benennen, die möglicherweise in nichtoffizieller Funktion wirken könnte.

Ihre Aufgaben würden umfassen:

- Die Verbindung mit Regierungsstellen herzustellen und diese ständig über die weiteren Entwicklungen zu informieren; Vorschläge für Maßnahmen der Regierung zu machen, wobei der Sicherung ausreichender Vorräte von Uranerz für die Vereinigten Staaten besondere Aufmerksamkeit geschenkt werden müsste;
- Beschleunigung der experimentellen Arbeiten, die gegenwärtig mit den beschränkten Mitteln der Universitätslaboratorien finanziert werden, durch die Bewilligung von Mitteln; falls nötig, Beschaffung zusätzlicher Mittel durch Kontakte mit Privatpersonen, die bereit sind, das Projekt zu unterstützen; vielleicht auch Gewinnung der Mitarbeit industrieller Laboratorien, die über die nötigen technischen Einrichtungen verfügen.

Es wurde mir mitgeteilt, dass Deutschland den Verkauf von Uran aus den von ihnen übernommenen tschechoslowakischen Bergwerken eingestellt hat. Dass diese Aktion so frühzeitig erfolgte, mag dadurch zu erklären sein, dass der Sohn des Staatssekretärs im deutschen Auswärtigen Amt von Weizsäcker mit dem Kaiser-Wilhelm-Institut in Berlin verbunden ist, wo einige der amerikanischen Uranexperimente jetzt wiederholt werden.

Ihr sehr ergebener A. Einstein

Am 19. Oktober 1939 dankte Roosevelt »meinem lieben Professor« Einstein für seinen Brief und seinen sehr interessanten und wichtigen Inhalt. Er habe den Inhalt für so wichtig gehalten, dass er umgehend ein Komitee eingesetzt habe, bestehend aus dem Präsidenten des *National Bureau of Standards* und Vertretern der Armee und der Marine, das sich intensiv mit den Möglichkeiten von Einsteins Vorschlag bezüglich des Elements Uran beschäftigen solle. Der Präsident berief ein *Uranium Committee*. Das Komitee trat zum ersten Mal am 21. Oktober zusammen, mit neun Teilnehmern: Briggs, sein Assistent, Sachs, Szilard, Wigner, Teller, Roberts, Adamson für die Armee und Hoover für die Marine. Szilard sprach sofort von einer Bombe, die die Sprengkraft von 20 000 Tonnen TNT haben könnte. Andere Mitglieder des Komitees waren skeptisch, aber als Hoover fragte, wieviel Geld die Physiker brauchten, nannte Teller eine Summe von 6000 Dollar für die Beschaffung von hochreinem Graphit als Moderator für Fermis Reaktor. Diese Summe war viel zu klein, wie Szilard ein paar Tage später an Briggs schrieb; allein das Graphit kostete 33 000 Dollar. Mit diesen Materialien gelang es Fermi und Szilard im Jahre 1942, in Chicago in einem Testreaktor eine kontrollierte Kettenreaktion mit langsamen Neutronen auszulösen. Für einen solchen Reaktor erhielten Fermi und Szilard im Dezember 1944 ein U.S.-Patent. In dem ersten Bericht des Komitees an den Präsidenten wird in erster Linie die Verwendung eines kleinen Reaktors für den Antrieb von U-Booten erwähnt. Ob eine Bombe mit großer Zerstörungskraft möglich sei, sollte durch grundlegende Untersuchungen geklärt werden, für die angemessene Unterstützung empfohlen wurde.

Als in den nächsten Monaten nicht viel passierte, schrieb Einstein am 7. März 1940 einen zweiten Brief an Roosevelt, der wieder von Sachs übergeben werden sollte. In diesem Brief erwähnte er, dass Szilard ihm ein Manuskript über eine Kettenreaktion in Uran gezeigt habe, und brachte die Frage auf, ob die Publikation dieser Arbeit verhindert werden sollte. Sachs überbrachte Einsteins zweiten Brief am 15. März an Roosevelt, und am 5. April ordnete der Präsident an, das Uran-Komitee zu erweitern.

Den Beginn des *Manhattan-Projekts* zum Bau der Bombe kann man auf den Samstag 6. Dezember 1941 datieren. Vannevar Bush, Direktor des Büros für Forschung und Entwicklung, und James B. Conant, Vorsitzender des nationalen Komitees für Rüstungsforschung, riefen das Uran-Komitee zusammen, um die Arbeit zu reorganisieren. Die Anreicherung des Bombenmaterials U-235 sollte nun mit drei unabhängigen Methoden angegangen werden, Gasdiffusion, elektromagnetische Trennung und Trennung in Zentrifugen. Der Startschuss zum Bau der Bombe fiel also zu einem Zeitpunkt, als Amerika noch nicht am Krieg beteiligt war.

Einen Tag später griff Japan die amerikanische Flotte in Pearl Harbour an. Die Dynamik des Uranprojektes nahm zu. Den definitiven Durchbruch brachte dann der erste Nachweis einer selbsterhaltenden Kettenreaktion in dem Versuchsreaktor mit Natururan und Graphit, den Enrico Fermi in Chicago im Dezember 1942 in Betrieb nahm.

Die weitere Geschichte ist bekannt. Grundlage der amerikanischen Bomben war die Abtrennung des nur zu 0,7 Prozent im Natururan enthaltenen spaltbaren Isotops U-235 und die Erzeugung und chemische Separation des ebenfalls spaltbaren Elements Plutonium. Beide Verfahren wurden mit ungeheurem Aufwand betrieben, um die für eine Bombe nötige kritische Masse von spaltbarem Material herzustellen.

Das Manhattan-Projekt beschäftigte bis zu 150 000 Arbeiter, Ingenieure und Forscher und kostete Milliarden Dollar. Es wurden riesige Fabriken gebaut: in Oak Ridge eine Anlage mit 170 000 Quadratmeter Fläche zur Isotopentrennung mit Hilfe der Gasdiffusion von Uran-Hexafluorid, sowie anschließende weitere Anreicherung des U-235 in einem elektromagnetischen Massenspektrometer Calutron, in Hanford (Staat Washington) mehrere Leistungsreaktoren zur Erzeugung von Plutonium und eine Fabrik zur Abtrennung des Plutonium aus den Brennstäben, in Chicago das metallurgische Labor und in Los Alamos das geheime Labor zum Bombenbau mit Robert Oppenheimer als wissenschaftlichem Direktor und General Leslie Groves als militärischer Befehlshaber. Den Wissenschaftlern wurde immer gesagt, sie stünden in Konkurrenz zu einem deutschen Projekt, obwohl dem britischen – und damit dem amerikanischen – Ge-

5.2 Einsteins Pazifismus, die Bombe und der Franck-Report

heimdienst durch die Berichte des Spions Paul Rosbaud (Deckname *the griffon*) klar war, wie winzig im Vergleich die Aktivitäten des deutschen Uranvereins waren. Am Ende des Krieges war es den deutschen Physikern noch nicht einmal gelungen, in einem Testreaktor eine Kettenreaktion auszulösen, ein Schritt, der Enrico Fermi und Leo Szilard schon im Jahre 1942 in Chicago gelang.

Fabrik zur Isotopentrennung in Oak Ridge

Im Jahre 1940 erhielt Einstein die amerikanische Staatsbürgerschaft, am 12. April 1945 wurde Harry S. Truman nach Roosevelts Tod Präsident der USA, am 8. Mai kapitulierte Deutschland bedingungslos.

In diesem Augenblick, in dem das Kriegsziel teilweise erreicht war, organisierte sich eine Gruppe von Wissenschaftlern (*Committee on Political and Social Problems*) der Universität von Chicago, die am Manhattan-Projekt zur Entwicklung der Atombombe beteiligt waren. Initiator der Gruppe war James Franck, der ehemalige Kollege von Max Born in Göttingen, der wie die meisten deutschen Emigranten am Projekt mitarbeitete, nachdem er die US-amerikanische Staatsbürgerschaft angenommen hatte. Als Direktor der Chemie-Abteilung des Metallurgie-Labors der Universität Chicago begann er 1942 mit der Arbeit an der Plutoniumgewinnung für den Atombomben-Bau, hatte jedoch nach der Kapitulation Deutschlands moralische Bedenken gegen den Einsatz von Atomwaffen, insbesondere gegen den jetzt beabsichtigten Abwurf auf eine japanische Stadt. Er gründete also das Komitee und erarbeitete zusammen mit den anderen Mitgliedern eine ausführliche Argumentation gegen den Abwurf. Er argumentierte, durch einen Abwurf der Bombe über einer Stadt würden die USA den »öffentlichen Beistand in der Welt verlieren« und »das Wettrüsten heraufbeschwören«. Stattdessen wurde empfohlen, die »neue Waffe« den Repräsentanten aller Länder der Vereinten Nationen auf unbewohntem Gebiet zu demonstrieren.

Zu Francks großer Enttäuschung wurde die Petition von vielen Wissenschaftlern in Los Alamos, dem anderen großen Labor des Manhattan-Projektes, nicht unterschrieben. Weder Fermi noch Oppenheimer, weder Bethe noch Feynman, weder Teller noch Weisskopf unterschrieben den Brief. Auch die Unterschrift des Pazifisten Einstein fehlt unter dem Dokument. Sein großes politisches Gewicht hätte vielleicht etwas bewirken können. Dagegen unterschrieben insgesamt 70 Wissenschaftler.

Die Resolution, die als Franck-Report in die Geschichtsbücher eingegangen ist, übergab Franck persönlich am 12. Juni 1945 dem stellvertretenden US-Kriegsminister George Harrison in Washington, um in letzter Minute die Katastrophe einer Explosion über einer japanischen Stadt zu verhindern. Das war knapp zwei Monate vor dem Abwurf der Atombombe über Hiroshima am 6. August.

Harrison war Stellvertreter des Kriegsministers Henry L. Stimson und Mitglied des geheimen *Interim Committees*, das Präsident Harry S. Truman im Mai 1945 eingesetzt hatte, um ihn in der Frage der Kernenergie zu beraten. Das Komitee verhandelte am 21. Juni über den Einsatz der Atombomben und bestätigte seine frühere Empfehlung, die Bomben so früh wie möglich und ohne Warnung gegen Japan einzusetzen und dabei an den militärischen Einrichtungen und Wohngebäuden des Zielorts möglichst großen Schaden anzurichten. Die Wirkung des Franck-Reports wurde übestimmt durch die eingeholte Meinung von vier Wissenschaftlern des Manhattan-Projekts, Enrico Fermi, Arthur Compton, Ernest Lawrence und Robert

Oppenheimer, die den Abwurf befürworteten und nach der Zerstörung Hiroshimas begeistert in Los Alamos ihren Erfolg feierten.

Am 6. August 1945 nachmittags berichteten die Radiosender in Amerika von dem Abwurf einer neuartigen Bombe auf die japanische Stadt Hiroshima. Helen Dukas, Einsteins Sekretärin, hörte die Nachrichten und erinnerte sich an »das Szilard-Ding«, das er 1939 mit Einstein besprochen hatte. Als Einstein vom Mittagsschlaf aufstand, berichtete sie ihm, was sie gehört hatte. Einstein sagte nur: »Oh Weh«. Als Szilard ihn kurz darauf besuchte, kamen sie im Gespräch auf die Ereignisse vor sechs Jahren auf Long Island zurück, als sie den Brief besprachen, den Einstein an Roosevelt schreiben sollte. Da sagte Einstein:

> »Da siehst Du, dass die alten Chinesen Recht hatten. Es ist nicht möglich, die Folgen des eigenen Handelns vorherzusehen. Das einzige, was man tun kann, ist es, überhaupt nichts zu tun.«

Er bedauerte nachträglich seinen Einsatz für die Atombombe:

> »Ich beging einen großen Fehler, als ich den Brief an Präsident Roosevelt unterschrieb, in dem ich die Herstellung der Atombombe empfahl. Hätte ich gewusst, dass die Deutschen keinen Erfolg damit haben würden, dann hätte ich keinen Finger gerührt.«

Und am 20. Dezember 1948 schrieb er an Carl Gustav Jung:

> »Ich bin immer gegen die Gewalt aufgetreten, aber meine Theorien haben leider der Menschheit das furchtbarste Gewaltpotential in die Hände gelegt, und dies ist eine schwere Belastung für mich.«

Es waren nicht nur die Theorien, die die Bombe möglich machten, sondern auch seine Briefe an Präsident Roosevelt.

Als der britische Philosoph Bertrand Russell später einen Aufruf gegen das atomare Wettrüsten verfasste, unterschrieb Einstein am 11. April 1955, eine Woche vor seinem Tod. Acht weitere eminente Wissenschaftler unterzeichneten den Appell, der am 9. Juli 1955 veröffentlicht wurde, darunter Max Born und der Chemiker Joseph Rotblat, der am *Manhattan*-Projekt mitgearbeitet hatte, im Jahre 1944 ausstieg und 1957 die erste Pughwash-Konferenz gegen das Wettrüsten mit Atombomben gründete.

5.3 Heisenberg, die Kriegsjahre und der Uranverein

Die politischen Entwicklungen mit Hitlers Annexion weiter Teile der Tschechoslowakei verstärkten die Befürchtungen, dass ein Krieg drohte. Heisenberg suchte deshalb im Frühjahr 1939 für seine Familie ein Landhaus im Gebirge, in das seine Frau und die Kinder flüchten könnten, wenn die Städte zerstört werden würden. Die Tochter Wilhelmine des Malers Lovis Corinth bot ein Holzhaus an, das ihr Vater für die Ferienmonate im Sommer gebaut hatte. Es lag in Urfeld am Walchensee am Südhang etwa hundert Meter oberhalb jener Straße, auf der die Studenten Wolfgang Pauli, Otto Laporte und Werner Heisenberg bei einer Radtour über die Quantentheorie diskutiert hatten. Das Haus wurde zum Zufluchtsort für die Familie.

Amerikareise

Angesichts der unsicheren politischen Lage und eines drohenden Krieges reiste Heisenberg im Juni 1939 nach Amerika. Er hatte dort viele Freunde und empfand das Bedürfnis, sie vorher noch einmal zu sehen.

> »Man wusste ja nicht, ob man sich danach wieder treffen würde. Wenn ich am Wiederaufbau nach der Katastrophe mitwirken könnte, hoffte ich auch auf ihre Hilfe«,

schreibt er in seiner Autobiographie.

Er reiste also mit der *Mauretania* von Liverpool nach New York, traf in Chicago alte Bekannte und gab schließlich an der *Purdue University* über mehrere Wochen eine Vorlesungsserie. Dabei hatte er zehn Mal mehr Zuhörer als in Leipzig und wurde in jeder Weise fabelhaft behandelt. Schließlich machte ihm der Chef des Departments ein konkretes Jobangebot. Heisenberg schrieb an seine Frau:

> »Licht- und Schattenseiten sind beide so ungeheuer deutlich. Ich hätte hier sofort zehn Mal so viele gescheite Schüler wie bei uns. Es würde wohl auch aus meiner Arbeit mehr herauskommen. Aber wir sind eben nicht hier zu Hause. Die Kinder würden englisch sprechen und in einer uns fremden Atmosphäre aufwachsen. Deshalb bleiben wir eben zu Hause.«

Aber er sah auch weitere Vorteile Amerikas: als der Mechanikermeister das ganze Institut einlud und als gleichberechtigt mit den Professoren angesehen wurde, bemerkt Heisenberg, dass darin die eigentliche Stärke Amerikas liege, dass die Klassengegensätze an dieser Stelle nicht existieren. Trotzdem lehnte er das Angebot ab, wie auch die von anderen amerikanischen Universitäten.

Am 30. Juli 1939 nahm er in New York »Abschied von der Welt der von Menschen erbauten Felsen, um in die von der Natur geformten freundlicheren Berge zu fahren«, nämlich in das inzwischen eingerichtete Haus in Urfeld, wo er mit der Familie den August verbrachte. Von dort aus plante er die Teilnahme an einer Konferenz in Zürich und schrieb am 24. August an den Freund Pauli, er möge ihm doch bitte das Programm der Tagung schicken und veranlassen, dass sein von Paul Scherrer zugesagtes Honorar im Hotel *City Excelsior* deponiert werde, weil er ohne Geld nach Zürich kommen werde. Offenbar erwartete Heisenberg nicht, dass der Krieg, die erwartete »Katastrophe«, so bald käme.

Kriegsausbruch und Uranverein

Die Tagung sollte nicht stattfinden. Am 1. September 1939 brach der Zweite Weltkrieg aus, die deutschen Truppen marschierten in Polen ein. Heisenberg erwartete, zu den Gebirgsjägern eingezogen zu werden, bei denen er schon 1936 an Wehrübungen teilgenommen hatte. Aber es kam anders. Anscheinend gab es eine Auseinandersetzung zwischen zwei Dienststellen über seine Verwendung. Am 15. September hörte er von Peter Debye aus Berlin, er werde zu irgendeinem Heeres-Waffenamt oder etwas ähnlichem berufen. Am 20. September erhielt er eine Einberufung nach Berlin von einer wissenschaftlichen Stelle, wurde dann aber nach Leipzig zurückgeschickt.

In diesen Wochen berief der beim Heereswaffenamt angestellte Experimentalphysiker Kurt Diebner eine Versammlung führender Kernphysiker in das Heereswaffenamt ein, um die Möglichkeiten zu untersuchen, ob die Spaltung des Urankerns, die 1938 von Otto Hahn und Fritz Straßmann entdeckt worden war, genutzt werden könne, um eine energieerzeugende

Maschine oder eine Bombe zu bauen. Anwesend waren außer Diebner dessen Vorgesetzter, Dr. Basche, und eine Gruppe von Physikern, die sich später *Uranverein* nannte, darunter Paul Harteck von der Universität Hamburg, Erich Bagge vom Heereswaffenamt und Karl Wirtz vom Kaiser-Wilhelm-Institut für Physik in Berlin. Heisenberg war nicht eingeladen. Als Harteck von Basche gefragt wurde, ob er die Leitung des gesamten Projekts übernehmen könnte, lehnte er ab. Er argumentierte, ein solches Projekt habe eine Größenordnung, die mit kleinen Universitätsgruppen um je einen Professor nicht zu bewältigen sei. Hier müsse man eine Kollaboration von Technikern, Ingenieuren, Experimentalphysikern organisieren und die Industrie einbeziehen. Bei der Diskussion über die Frage, wen man noch zur Mitarbeit in der Gruppe einladen könnte, nannte Harteck als besten Mann den Experimentalphysiker Gustav Hertz. Dem war 1935 wegen seiner jüdischen Abstammung von der Technischen Hochschule Charlottenburg die Prüfungsberechtigung entzogen worden, weshalb er dort ausschied und Leiter der Forschungsabteilung von Siemens und Halske in Berlin wurde. Er hatte ein Verfahren zur Isotopenanreicherung von Edelgasen entwickelt, das zur Abtrennung des spaltbaren Uranisotops U-235 verwendet werden konnte. Dazu musste das Uran mit Flusssäure aufgelöst und in das gasförmige Uranhexafluorid umgewandelt werden. Das Verfahren wurde später im amerikanischen Manhattan-Projekt in einer riesigen Anlage in Oak Ridge angewandt. Aber der Vorschlag Hartecks, Hertz eine führende Rolle in dem Projekt zu übertragen, wurde abgelehnt. Stattdessen schlug Bagge seinen Doktorvater Heisenberg vor, der zwar als Theoretiker nicht ideal dazu geeignet war, eine neue Technologie zu entwickeln, dem aber als Nobelpreisträger ein großer Ruf vorausging. Heisenberg hatte noch nie ein Experiment durchgeführt, er hatte für experimentelle und organisatorische Details kein Gespür und auch kein Interesse. Seine »eigentliche« Arbeit war immer die theoretische Analyse. Er war der falsche Mann für das Projekt.

Einige Wochen später erfolgte seine Einberufung ins Heereswaffenamt nach Berlin. Auf diese Weise blieb ihm der Militärdienst erspart, er war »unabkömmlich«. In Berlin wurde ihm eröffnet, er solle zusammen mit anderen führenden Kernphysikern die Nutzung der Uranspaltung erforschen und anwenden. Als Zentrum der Uranforschung wurde das Kaiser-Wilhelm-Institut für Physik (KWI) in Berlin-Dahlem dem Heereswaffenamt unterstellt. Der Direktor dieses Institutes, der Niederländer Peter Debye, wurde vor die Alternative gestellt, die deutsche Staatsangehörigkeit anzunehmen oder sich beurlauben zu lassen. Er emigrierte in die USA wurde im Januar 1940 Gastprofessor für Chemie an der *Cornell*-Universität. Als sein Vertreter und Leiter des Berliner Uranprojektes wurde Kurt Diebner vom Heereswaffenamt eingesetzt, ein Experimentalphysiker.

Das KWI war zwar ein Zentrum der Uranforschung, aber die Aktivitäten des *Uranvereins* waren zersplittert. An fünf Orten, den Instituten in Leipzig, Dahlem, Hamburg und Heidelberg und in der Heeresforschungsstelle Gottow bei Kummersdorf in Brandenburg arbeiteten kleine Gruppen, jeweils ein Professor oder Gruppenleiter mit einigen Assistenten.

Heisenberg sollte als wissenschaftlicher Berater des Berliner Instituts arbeiten. Er reiste daher am Anfang jeder Woche von Leipzig nach Berlin, hielt seine Vorlesungen in Leipzig im zweiten Teil der Woche und arbeitete theoretisch an dem Uranprojekt.

Bei der Spaltung des Urankerns durch langsame Neutronen entstehen neben zwei mittelschweren Bruchstücken zwei oder drei schnelle Neutronen, sodass die Möglichkeit besteht, mit diesen Neutronen wiederum eine neue Spaltung zu verursachen und eine Kettenreaktion auszulösen. Schon am 6. Dezember 1939 dokumentierte Heisenberg seine Ergebnisse über die Theorie einer Kettenreaktion in einem Bericht über die Möglichkeiten der Energiegewinnung aus der Uranspaltung. Darin wird eine Uranmaschine mit Natururan und schwerem Wasser oder »ganz reiner Kohle« als Moderator zur Verlangsamung der Neutronen erwähnt. Hier nimmt Heisenberg die Idee eines Kernreaktors vorweg.

Die Arbeit in Berlin missfiel ihm: »Viel Gerede und wenig wirkliche Arbeit« spiele sich dort ab, schrieb er an seine Frau im Juli 1940 nach München. Im September musste er als Vertreter der Leipziger Akademie

»eine Sitzung im Reichsverband der Akademiker mitmachen; es hat mich selten so vor den deutschen Professoren gegraust wie in der Sitzung. Dazu noch dieser unverschämt arrogante Ton der Preußen – es war wirklich zum Davonlaufen. Wenn ich nicht wüsste, dass es hier noch andere Menschen gäbe – ich würde glauben, dass tatsächlich Takt und Kultur nicht über den römischen Limes hinaus vorgedrungen sind.«

Ein Jahr später berichtete er:

»Die Zeit vertrödle ich mit Kleinkram, es gibt auch keinen Gegenstand, auf den man die Kraft ganz konzentrieren könnte [...] Morgen geht's wieder nach Berlin, da werd ich doch wieder herumsitzen und nichts Gescheites arbeiten.«

Und im Mai 1943 hieß es aus Berlin:

»Es wird uns beiden wahrscheinlich die ganze Zeit bis zum Kriegsende schlecht gehen. Dir, weil die Arbeit nicht zu bewältigen ist, und mir, weil ich allein bin und meistens Arbeiten machen muss, die gar keinen Sinn haben [...] Im Falle der Not würde ich ohne Bedenken alle Arbeit hier liegen lassen – im Grunde ist sie doch völlig belanglos.«

Im Juli dann: »Die Tage vergehen hier, in dem man irgendwelche nutzlosen Arbeiten macht, im Institut oder außerhalb, es ist immer das Gleiche.«

In den Jahren 1940 bis 1942 versuchte Heisenberg, in Leipzig durch Experimente mit Neutronen und Uran herauszufinden, wie man eine Kettenreaktion in Gang setzen könnte, um eine wärmeerzeugende Maschine, einen Versuchsreaktor zu bauen. Dazu mussten die bei der Spaltung freiwerdenden schnellen Neutronen abgebremst werden; je langsamer die waren, desto eher konnten sie von einem Urankern eingefangen werden und ihn zur Spaltung anregen. Bei diesen Experimenten hatte er als Assistenten das Ehepaar Robert und Klara Döpel. Er berichtete im Juli 1940, er habe gelernt, Metallrohre luftdicht zuzukitten. Dabei ging es um die Herstellung von Zählrohren für Neutronen. »Mir ist die Gelegenheit, Anfangsgründe der Experimentalphysik zu lernen, recht angenehm«, schrieb er an Elisabeth, aber als Experimentalphysiker fühlte er sich nicht. Mit einem Meister der Experimentierkunst wie Enrico Fermi war er nicht zu vergleichen.

Als mögliche Substanzen zur Abbremsung der Neutronen, genannt »Moderator«, stellten sich schweres Wasser und hochreines Graphit heraus. Die Eignung von Graphit wurde im Heidelberger Kaiser-Wilhelm-Institut für medizinische Forschung von Walter Bothe und Peter Jensen untersucht. Im Januar 1940 dokumentierten sie ihre Ergebnisse für die Absorption von Neutronen in Graphit, die so groß war, dass sie zum Schluss kamen, dieses Graphit sei für einen Reaktor ungeeignet. Sie wussten nicht, dass das Graphit, das sie verwendeten, eine winzige Verunreinigung des Elements Bor enthielt, die für die Absorption der Neutronen verantwortlich war. Wegen der Messergebnisse wurde Graphit als Moderator ausgeschlossen, obwohl durch eine entsprechende chemische Behandlung das verunreinigende Bor hätte entfernt werden können. Es blieb also nur das schwere Wasser als Moderator. In einer kleinen kugelförmigen Anordnung von Schichten aus natürlichem Uran und schwerem Wasser konnte Heisenberg Anfang 1942 eine geringe Vermehrung der von außen eingestrahlten Neutronen feststellen. Im selben Jahr gelang es Enrico Fermi in Chicago, in einem genügend großen Reaktor mit einem Moderator aus superreinem Graphit eine selbsterhaltende Kettenreaktion auszulösen, was der deutsche Uranverein natürlich nicht wusste. Fermi hatte von der Armee genügend Mittel bekommen, um das nötige Uran und das hochreine Graphit zu beschaffen, nachdem Einsteins Brief an Roosevelt zur Gründung eines Aktionskomitees für das Uranprojekt geführt hatte.

Um die Mitte des Jahres 1941 war es Heisenberg klar, dass der Bau einer Bombe im Prinzip möglich war, dass aber die Schwierigkeiten bei der Anreicherung des spaltbaren U-235 oder der Herstellung und Abtrennung von Plutonium so groß waren, dass an die Verwirklichung eines solchen Projektes in Deutschland nicht gedacht werden konnte. Trotzdem blieb die Frage, ob in fernerer Zukunft doch eine Bombe gebaut werden könnte, insbesondere in den Vereinigten Staaten mit ihrer überlegenen industriellen Kapazität, und diese dann über Deutschland abgeworfen werden könnte. Konnte solch eine Entwicklung aufgehalten werden, indem die kleine Gemeinschaft der Kernphysiker sich darauf verständigte, sich dem Bau einer solchen Waffe zu verweigern? Für Heisenberg war Niels Bohr seit fast 20 Jahren die große Vaterfigur und sein Mentor, mit dem er die schwierigsten Fragen besprechen konnte. Also dachte er, auch diese Fragen könnte er am besten mit Bohr besprechen. Er war so naiv, anzunehmen, dass sich an ihrem engen Freundschaftsverhältnis durch den Krieg nichts verändert hätte. Aber das war ein Irrtum: Deutschland hatte Dänemark besetzt, für Bohr war Heisenberg ein Repräsentant des Feindeslandes, und außerdem hatte Bohr jüdische Vorfahren und musste um sein Leben fürchten.

Heisenberg beantragte also eine Reise in das von deutschen Truppen besetzte Kopenhagen zu einer Konferenz über kosmische Strahlung, die vom deutschen Kulturinstitut in Kopenhagen veranstaltet wurde. Bohr boykottierte dieses Institut, aber die Tagung bot Heisenberg die Gelegenheit, mit ihm zu sprechen. Er traf ihn in seinem Institut, zu Hause und bei einem Spaziergang im Park, wo keine Überwachung durch Gestapo-Spitzel zu befürchten war. Heisenberg konnte seine Mitarbeit an dem geheimen Uranprojekt auf keinen Fall offen ansprechen, das wäre Hochverrat gewesen. Deshalb benutzte er indirekte Anspielungen und hoffte, Bohr würde sie so verstehen, dass in Deutschland der Bau einer Atombombe nicht beabsichtigt war. Aber die Reaktion von Bohr war brüsk: sobald Heisenberg auf das Thema zu sprechen kam, brach er das Gespräch ab, und die Mission war gescheitert. Bohr konnte nicht glauben, dass Heisenberg auf eigene Initiative handelte, sondern vermutete, er sei von deutschen Regierungsstellen geschickt worden, um ihn auszuhorchen. Die Konsequenz war, dass Bohr bei seiner nächsten Amerika-Reise über den Besuch berichtete und die Botschaft überbrachte, die Deutschen hätten ein Uranprogramm. Eine Skizze, die Heisenberg an Bohr gab, hatte die Form eines Hutes, also eines Reaktors, sodass Fermi beim Blick auf die Skizze rief: »Aber sie können doch keinen Reaktor auf London werfen.«

Am 4. Juni 1942 berief der Präsident der Kaiser-Wilhelm-Gesellschaft, Albert Vögler, ein Treffen im Harnack-Haus in Berlin ein, um die Verwendbarkeit des Uranprojekts für Kriegszwecke zu prüfen. Eingeladen waren die Wissenschaftler des Uranprojektes, darunter Otto Hahn, Werner Heisenberg, Kurt Diebner, Paul Harteck, Carl-Friedrich von Weizsäcker und Karl Wirtz, außerdem nahmen hohe Militärs und Ministerialbeamte teil, an ihrer Spitze der Reichsminister für Bewaffnung und Munition, Albert Speer. Heisenberg hielt einen Vortrag über die Nutzung der Kernspaltung zur Energiegewinnung und für militärische Zwecke. Die Physiker wurden befragt, ob mit Uran eine Bombe gebaut werden könnte. Dazu wäre eine Anreicherung des im natürlichen Uran nur zu 0,7 Prozent enthaltenen spaltbaren Uranisotops U-235 oder eine Gewinnung von Plutonium in einem großen Leistungsreaktor und die chemische Abtrennung des spaltbaren Plutoniums nötig gewesen. Beide Projekte würden viele Jahre und einen gewaltigen finanziellen Aufwand erfordern, der jenseits der denkbaren Möglichkeiten lag. Als Speer die Physiker fragte, wie viel Geld sie benötigten, war es ausgerechnet der Theoretiker von Weizsäcker, der wagte, eine Zahl zu nennen: 43 000 Reichsmark. Ungläubig sahen sich Speer und Generalfeldmarschall Milch an und schüttelten über diese Naivität den Kopf. Speer hatte mit einem Aufwand von 100 Millionen Reichsmark gerechnet. Er machte Vögler Vorwürfe, ihn zu einer so nutzlosen Veranstaltung eingeladen zu haben.

Heisenberg wurde aufgefordert, einen realistischeren Entwurf vorzulegen. Er schätzte Kosten von 350 000 Reichsmark für das Jahr 1942 für Personal- und Sachmittel ab, Weizsäcker wollte zusätzlich 75 000 Reichsmark für die Theorie. Speer war immer noch befremdet über die Geringfügigkeit der Forderungen »in einer so entscheidend wichtigen Angelegenheit« und erhöhte den Budgetansatz auf 1 bis 2 Millionen Reichsmark. Was war der Grund für diese Tendenz von Heisenberg, das Projekt klein zu halten? Er sah wohl den gewaltigen Aufwand an Personal, Mitteln und Zeit, den die Gewinnung von spaltbarem Material durch Isotopentrennung erfordern würde und schreckte vor der Verantwortung zurück. Es war noch nicht einmal klar, welches Trennverfahren für U-235 erfolgreich sein würde. Er wusste, dass Hitler alle Waffenprojekte verwarf, deren Entwicklung länger als ein Jahr dauerte. Die Dauer der Forschungsentwicklung einer Bombe gab Heisenberg realistisch mit mindestens zwei Jahren bis zum Beginn der technischen Umsetzung an. Auf erneute Anfrage Speers erhöhte er die Frist nach weiteren Überlegungen auf drei bis vier Jahre. Diese Beurteilung akzeptierte Speer, und deshalb wurde im Herbst 1942 entschieden, auf die Entwicklung einer Atombombe zu verzichten. Stattdessen genehmigte Speer die Entwicklung »eines energieerzeugenden Uranbrenners« für die U-Boote der Marine. Das Kaiser-Wilhelm-Institut für Physik wurde daraufhin vom Heereswaffenamt wieder vollständig der Kaiser-Wilhelm-Gesellschaft zurückgegeben. Die beteiligten Physiker konnten weiter davon ausgehen, nicht zum Kriegsdienst an der Front eingezogen zu werden. Für Carl-Friedrich von Weizsäcker war das der Grund, formal noch am Uranprojekt beteiligt zu bleiben, obwohl er an den Experimenten nicht mitarbeitete.

Zwei Wochen nach der Sitzung vom 4. Juni 1942 ordnete Generalfeldmarschall Milch an, mit der Massenproduktion der V1-Rakete zu beginnen. Dieses riesige Projekt der Peenemünder Gruppe um Wernher von Braun verschlang nun alle verfügbaren Produktionsmittel. Das Uranreaktor-Vorhaben lief auf sehr kleiner Flamme weiter.

Kurt Diebner verließ das Institut und ging mit einigen Mitarbeitern nach Gottow an das dortige Heereslaboratorium, wo er in Konkurrenz zu Heisenberg eigene Versuche zum Uranreaktor machte. Heisenberg rückte an seine Stelle nach: als Vertreter des beurlaubten Debye wurde er im Juni 1942 zum Direktor am KWI und zum Leiter der Uranforschung in Berlin ernannt. Die Gruppe umfasste nicht mehr als ein Dutzend Wissenschaftler, darunter Horst Korsching und Karl Wirtz, Erich Bagge und Fritz Bopp. Carl-Friedrich von Weizsäcker nahm die Professur für theoretische Physik an der »Reichs«-Universität Straßburg in dem von Deutschland besetzten Elsaß an.

Mit ihm hatte Heisenberg im Oktober 1943 ein langes Gespräch, über das er seiner Frau berichtete.

> »Ich verstehe mich im Grunde überhaupt nicht mit ihm; diese Art, alles prinzipiell zu nehmen und überall die ›letzte Entscheidung‹ zu erzwingen, ist mir völlig fremd. Weizsäcker kann so Sätze sagen wie etwa, dass die Menschen aus dem Erlebnis von Schuld und Strafe reif würden zu einer anderen Art zu denken – womit dann der neue Glaube gemeint ist, zu dem er sich selbst bekennt [...] Ich gerate in solchen Diskussionen in heftige Opposition«.

Hier kommt klar zum Ausdruck, wie sich Heisenberg politisch von Weizsäcker abgrenzte.

Die experimentelle und administrative Arbeit am Uranreaktor im KWI, die ihm jetzt übertragen war, betrachtete Heisenberg aber nicht als sein Hauptinteresse. Im Juni 1942 beklagte er sich in einem Brief an Elisabeth darüber, dass er nicht »zur eigenen Arbeit kommt«. Die »eigene Arbeit«, die ihm so wichtig war, bestand einerseits aus einer neuen Theorie der Elementarteilchen auf der Grundlage des Begriffes der Streumatrix oder S-Matrix und andererseits aus der Untersuchung und Interpretation der Phänomene in der kosmischen Strahlung. Über diese Themen hielt er bei einer Reise in die Schweiz im November 1942 Vorträge in Zürich, Basel und Bern. Weitere Reisen, bei denen er über seine »eigenen Arbeiten« berichtete, führten im April 1941 nach Budapest, im März 1943 nach Preßburg und im Oktober des gleichen Jahres nach Utrecht und Leiden. Heisenberg leitete in den Jahren 1941 und 1942 am KWI ein Seminar über die Erforschung der kosmischen Strahlung. Zum 75. Geburtstag von Arnold Sommerfeld stellte er einen Sammelband von Arbeiten über dieses Gebiet zusammen, dessen erste Auflage bei einem Luftangriff vernichtet wurde.

Wann immer er konnte, nahm Heisenberg in Berlin an den Treffen der *Mittwochsgesellschaft* teil, einer losen Gemeinschaft von angesehenen Wissenschaftlern, Medizinern, Künstlern, auch Militärs und hohen Beamten. Sie trafen sich abwechselnd im Haus eines der Mitglieder zu Vorträgen, z.B. im Haus des Chirurgen Sauerbruch. Am 18. Juli 1944 traf sich die Gesellschaft in Heisenbergs Wohnung. Zwei Tage später, am 20. Juli 1944, fand das Stauffenberg-Attentat auf Hitler in der Wolfsschanze statt. Zahlreiche Mitglieder der *Mittwochsgesellschaft* wurden als Unterstützer des Attentats verhaftet und hingerichtet.

Uranreaktor

Während Enrico Fermi in Chicago schon 1942 in seinem Uran-Graphit-Reaktor eine kritische Kettenreaktion beobachten konnte, gestaltete sich der weitere Fortgang des Projekts in Deutschland als außerordentlich schwierig. In Deutschland gab es nicht genügend Uran, um das sich auch noch drei konkurrierende Gruppen bemühten: neben dem Berliner KWI die Hamburger Gruppe unter Paul Harteck und die Gottower Gruppe Kurt Diebners. Zusammen waren das ein paar Dutzend Wissenschaftler und Techniker. Wegen der Ergebnisse der Absorptionsmessungen an verunreinigtem Graphit wurde nur noch schweres Wasser als Moderator zur Abbremsung der Neutronen verwendet. Aber die Beschaffung dieses Materials war schwierig, und der Mangel an schwerem Wasser war es schließlich, der sich als fatal erweisen sollte. Der einzige Produzent weltweit war die norwegische Firma Norsk Hydro in Vemork, die die Konzentration des schweren Wassers durch Destillation mit der im Überfluss vorhandenen Wasserkraft erreichte. Norwegen war seit Juni 1940 von deutschen Truppen besetzt. Im Februar 1943 zerstörte eine norwegisch-britische Kommandoaktion die Zellen innerhalb der bewachten Fabrik, sodass die Vorräte an schwerem Wasser vernichtet wurden. Nach der Wiederherstellung der Anlagen zertrümmerte im November 1943 ein Geschwader von 140 amerikanischen B-19-Bombern das Werk komplett, das noch vorhandene schwere Wasser sollte nach Deutschland transportiert werden, aber eine norwegische Widerstandsgruppe schaffte es mit britischer Hilfe, an einem Fährboot, auf dem der Transport nach Süden im Februar 1944 stattfand, eine Sprengladung anzubringen, sodass das Boot mit Passagieren und Besatzung sank. Nach Kurt Diebners Einschätzung war die Zerstörung der Schwerwasserfabrik und der Vorräte des schweren Wassers der Hauptgrund für das Scheitern des Reaktorprojekts. Wegen der Luftangriffe auf Berlin verlagerte man im Sommer 1944 das KWI für Physik und das KWI für Chemie nach Hechingen bzw. Tailfingen in Württemberg. Ende 1944 folgte das Projekt des Uranreaktors, der in einen ehemaligen Weinkeller unter der Schlosskirche von Haigerloch in der Nähe von Hechingen wieder zusammengebaut werden sollte. Anfang 1945 erreichte der Reaktor in Haigerloch nahezu den kritischen Punkt, d. h. den Zustand, in dem eine sich selbst unterhaltende Reaktion eintritt. Allerdings reichte die vorhandene Menge an schwerem Wasser nicht aus. Parallel dazu erreichte Diebners Gruppe in Gottow eine Neutronenvermehrung um 100 Prozent, aber keine selbsterhaltende Kettenreaktion. Auch dort fehlte es an schwerem Wasser.

5.3 Heisenberg, die Kriegsjahre und der Uranverein

Heisenberg nahm sich zwischendurch genügend Zeit, um »seine« theoretischen physikalischen Arbeiten fortzuführen und Kammermusik zu machen. Ende September 1944 schrieb er:

> »Ich bin sogar ein ordentliches Stück weitergekommen. Es ist eigentlich absurd, unter diesen Bedingungen noch Wissenschaft treiben zu wollen. Aber ich finde es trotzdem schön. Auch die Musik betreibe ich mit pedantischer Pünktlichkeit.«

Sogar noch im Frühjahr 1945 wirkte er an einem öffentlichen Konzert in Hechingen als Pianist mit.

Dass das Projekt aus Sicht der beteiligten Wissenschaftler und Techniker auch dem Zweck diente, sie vor dem Kriegsdienst zu bewahren, kann man aus einem Brief Heisenbergs an seine Frau vom 1. Februar 1945 schließen:

> »In unserem Kernphysikerverein ist der innere Kampf (Diebner in Thüringen gegen das KWI) neu entflammt, was wohl mit der drohenden Einberufungswelle und der drohenden Gefahr von Osten zusammenhängt.«

Als die Front von Westen immer näher kam, entschloss Heisenberg sich, die Uranblöcke vergraben zu lassen, und begab sich im April 1945 mit dem Fahrrad auf die 270 Kilometer weite Reise zu seiner Familie im bayerischen Urfeld.

Ende April 1945 erreichten Mitglieder einer amerikanischen Sondereinheit der *Alsos*-Mission unter der Führung von Colonel Boris T. Pash und dem Physiker Samuel A. Goudsmit kurz vor den vorrückenden französischen Truppen Hechingen und Haigerloch. Goudsmit war überrascht, wie klein und unscheinbar die ganzen Versuchsaufbauten waren. Er schrieb in seinem Buch *Alsos* (Übersetzung des Verfassers):

> »Offensichtlich hatte das ganze deutsche Uranprojekt einen lächerlich kleinen Umfang. Das zentrale Labor bestand lediglich aus einem kleinen Keller im Untergrund, einem Teil einer kleinen Textilfabrik, ein paar Räumen einer alten Brauerei [...] Verglichen mit unserem Projekt in den USA war das alles Kleinkram. Wir überlegten, ob unsere Regierung mehr Geld für unsere Spionage-Mission ausgegeben hatte als die Deutschen für das ganze Uranprojekt.«

Das amerikanische *Manhattan*-Projekt beschäftigte zu seinen Hochzeiten ungefähr 150 000 Menschen, das deutsche Reaktorprojekt einige Dutzend Personen.

Die noch in Hechingen anwesenden deutschen Wissenschaftler
– Bagge, Korsching, von Laue, von Weizsäcker und Wirtz –
wurden von den Amerikanern gefangengenommen. Die suchten auch Heisenberg und erfuhren, dass er geflohen war. Colonel Boris T. Pash machte sich deshalb mit einer kleinen Einheit nach Urfeld auf, wo er Heisenberg am 3. Mai 1945 ebenfalls verhaftete. Zusammen mit den Haigerlocher Wissenschaftlern sowie Gerlach, Diebner, Harteck und Otto Hahn wurde er über Zwischenstationen nach Farm Hall in England gebracht und interniert. Die Amerikaner bauten den Haigerlocher Reaktor ab und brachten die gesamte Apparatur mit vorgefundenem Uran, dem schweren Wasser und zahlreichen Unterlagen einschließlich der privaten wissenschaftlichen Briefe an Heisenberg von Madame Curie, Bohr und Einstein in die Vereinigten Staaten. Heisenberg fasste die Tätigkeit im Uranverein so zusammen:

> »Wir hatten während des Krieges das Glück, dass sich Arbeiten an der Atombewaffnung im Krieg als unmöglich herausgestellt hatten, weil sie viel zu lange gedauert hätten. Ich konnte ganz ehrlich berichten: Im Prinzip kann man schon Atombomben machen, aber alle Verfahren, die wir bisher kennen, sind so ungeheuer kostspielig, dass es Jahre dauern würde und einen ganz enormen technischen Aufwand von Milliarden brauchen würde«.

6 Wahlverwandtschaften

Einsteins Frauen

Einsteins große attraktive Erscheinung und seine geistreichen und witzigen Gespräche wirkten außerordentlich anziehend auf Frauen. Schon während seiner Gymnasialzeit in Aarau verliebte sich die Tochter des Lehrers und Pensionsvaters, Marie Winteler, in den 16-Jährigen. Sie war zwei Jahre älter und schätzte sich selber als sein »kleines unbedeutendes Schatzerl« ein, das sich mit Albert in intellektueller Hinsicht nicht messen konnte. Er hingegen nahm ihre Dienste gern in Anspruch, so schickte er ihr in der ersten Zeit nach seinem Wegzug aus Aarau seine schmutzige Wäsche, die sie für ihn wusch und zurückschickte. Aber je mehr er sich in Zürich einlebte, desto mehr hatte das Studium und die Wissenschaft Vorrang, und er brach die Verbindung ab und vermied weitere Besuche, um Marie keine Hoffnungen zu machen. Ein weiterer Grund war die Freundschaft mit der dreieinhalb Jahre älteren Studentin Mileva Marić, die aus Novi Sad (Neusatz) in Serbien stammte. Mit ihr konnte er sich auch über physikalische Themen unterhalten, er schätzte sie als »ebenbürtige Kreatur, kräftig und selbständig« und bald entbrannte die Leidenschaft zu ihr. Die Briefe zwischen den beiden aus dieser Zeit von 1897 bis 1903 sind voll von zärtlichen Bekenntnissen ihrer Liebe. Eine Eigenschaft Milevas trat schon in diesen Jahren zu Tage: sie war hochgradig eifersüchtig auf jede andere Frau, mit der Albert in Beziehung trat.

Als Mileva ein Semester in Heidelberg studierte, schrieb er dem »geehrten Fräulein« einen vier Seiten langen Brief, in dem er sie aufforderte, ihm zu schreiben, wenn sie sich einmal langweilen sollte. Sie antwortete geradezu poetisch, sie wandle jetzt unter deutschen Eichen im lieblichen Neckartale, das allerdings in »schlegeldickem Nebel schamhaft seine Reize verhüllt.« Ihr Vater habe ihr für Albert Tabak mitgegeben, er »wollte Ihnen so gerne das Maul wässern machen nach unserem Räuberländchen [...] Sie müssen durchaus einmal mit.« Am Ende des Briefes erwähnte sie noch eine »nette« Vorlesung von Philipp Lenard über die Geschwindigkeit und die freie Weglänge von Molekülen. Alberts Antwort und alle folgenden Briefe ähneln denjenigen Milevas: ein Gemisch von lustigen und geistreichen Bemerkungen und Berichten über Vorlesungen und Seminare. Dann gibt er ihr den Rat, »möglichst bald hierher zu kommen«. Sie werde es nicht bereuen. Und den versäumten Stoff der Vorlesungen könne sie ja anhand »unserer« Mitschriften nacharbeiten, wobei er seine eigenen und die des Freundes Marcel Grossmann meint. Der Brief hatte Erfolg, Mileva kehrte nach einem Semester zurück. Von da an waren sie oft zusammen, so meldete er sich brieflich einfach bei ihr an: »Wenn es Ihnen recht ist, komme ich heut abend zum Lesen zu Ihnen.«

In Mailand zu Hause bei den Eltern zeigte er seiner Mutter Pauline eine Photographie von Mileva, und die war zunächst beeindruckt, »die sei halt ein gscheidtes Luder«. Er sandte ihr Grüße »von meiner Alten«. Der erste Eindruck von Mileva bei der Mutter sollte sich bald ändern, weil sie Paulines großbürgerlichen Vorstellungen von einer Schwiegertochter doch nicht entsprach. Albert wiederum fand seine Mutter ein wenig engherzig und »philiströs«, das war sein Lieblingsausdruck für Bürgerlichkeit, den er von Schopenhauer übernommen hatte. Er fand es merkwürdig, dass

> »die engsten natürlichen Bande der Familie mit der Zeit allmählich zur Gewohnheitsfreundschaft heruntersinken und man sich im Innern gegenseitig so unbegreiflich ist, dass man in keiner Weise lebendig mitfühlen kann, was das andere bewegt.«

Mit seinem lieben Doxerl verstand er sich dagegen blendend. Im August 1899 schrieb er ihr aus den Semesterferien im Kreise seiner Familie in Mettmennstetten bei Zürich, in der glücklichen Ruhe der Ferien sei ihm das Studium Abwechslung, »nicht das Faulenzen, wie wir's von unserer Haushaltung gewöhnt sind.« Anscheinend wohnten sie da schon manchmal zusammen. Weiter hieß es in dem Brief: »Sie sind ein Hauptkerl und haben viel Lebenskraft und Gesundheit in ihrem kleinen Leibchen.« In der schwäbischen Mundart drückt »Hauptkerle« das höchste Lob aus. Es folgte der obligatorische Ausflug in die Physik, mit fundamentalen Erkenntnissen, die schon auf das Jahr 1905 hindeuteten:

> »Es wird mir immer mehr zur Überzeugung, dass die Elektrodynamik bewegter Körper, wie sie sich gegenwärtig darstellt, nicht der Wirklichkeit entspricht, sondern sich einfacher wird darstellen lassen. Die Einführung des Namens ›Äther‹ in die elektrischen Theorien hat zur Vorstellung eines Mediums geführt, von dessen Bewegung man sprechen könne, ohne dass man, wie ich glaube, mit dieser Aussage einen physikalischen Sinn verbinden kann. Ich glaube, dass elektrische Kräfte nur für den leeren Raum direkt definierbar seien, von Hertz auch betont.«

Hier zeigte sich, dass für Einstein die Elektrodynamik Maxwells, die er schon als Gymnasiast in München von seinem Onkel Jakob gelernt hatte, ein ständiger Begleiter war, und dass er sich anschickte, den Ätherbegriff ersatzlos zu streichen. In einer Abhandlung von Wilhelm Wien las er von dem Experiment von Michelson und Morley, in dem die Ätherthese widerlegt wurde. Er beklagte sich dann noch über das stumpfsinnige Geschwätze der Bekannten und Verwandten, die zu Besuch kamen, insbesondere einer Tante aus Genua, »einem veritablen Ungetüm von Arroganz und stupfsinnigem Formalismus.« Mit Mileva dagegen »verstehen wir uns gegenseitig so gut auf unsre schwarzen Seelen und daneben aufs Kaffeetrinken und Würstelessen.« Einstein zog nach den Ferien bei der Rückkehr nach Zürich in ihre Nähe, aber nicht in ihr Haus – »den Zungen der Menschen zuliebe.«

Als Albert seine Schwester Maja zum Beginn ihres Studiums am Lehrerinnenseminar nach Aarau begleitete, nahm er sich in Acht, sich nicht wieder in Marie Winteler zu verlieben, denn »wenn ich das Mädchen ein paarmal sähe, wär ich gewiss verrückt, das weiß ich und fürcht ich wie das Feuer.«

Nach seinem erfolgreich absolvierten Lehrerexamen im Juli 1900 fuhr Albert zu seiner Mutter und Schwester in die Sommerfrische in Melchtal. Er hatte sich entschlossen, sein Doxerl zu heiraten, und sprach vorher mit Maja darüber. Nach der Ankunft fragte die Mutter recht harmlos: »Nun, und was wird denn aus Dockerl?« Die lakonische Antwort des Sohnes »Meine Frau« beschwor eine dramatische Szene herauf. Die Mutter weinte und beklagte, er vermöble sich seine Zukunft und versperre sich seinen Lebensweg, weil Mileva ja »in keine anständige Familie« einheiraten könne. Sie sei ein Buch wie er, und wenn er 30 werde, sei sie eine alte Hex'. Die Sommerfrische wurde für ihn zur Qual, da er die Bekannten und Verwandten »flattieren« musste.

Das Konfliktthema Mileva schwelte weiter, wurde aber dadurch überdeckt, dass Albert die Kurgäste musikalisch unterhielt. Auch war sich Albert sicher, dass er sich durchsetzen werde, denn seine Eltern seien große Phlegmen und hätten am ganzen Leib weniger Starrsinn als er am kleinen Finger. Und seine Liebe war unbeeindruckt durch den Widerstand der Eltern. Aus der Sommerfrische schrieb er an sein Doxerl, wenn er sie nicht habe, so sei ihm zumute wie wenn er selbst nicht ganz wäre.

Nach der Rückkehr nach Zürich suchte Einstein nach einer Anstellung. In der Schweiz, in Deutschland und in Italien bewarb er sich um Assistentenstellen an technischen Hochschulen und Universitäten. Aber weder bei seinem Diplomvater Professor Weber noch bei dem mathematischen Physiker Emanuel Hurwitz bekam er eine Chance. Er schrieb an Wilhelm Ostwald, an Eduard Riecke in Göttingen, an das Polytechnikum in Stuttgart, versuchte durch Vermittlung des Vaters seines Freundes Michele Besso in Mailand eine Stelle zu bekommen, aber ohne Erfolg. »Bald werde ich alle Physiker von der Nordsee bis an Italiens Südspitze mit meinem Offert beehrt haben«, schrieb er an Mileva. Erst im April 1901 lichtete sich der Nebel mit dem Angebot, eine zweimonatige Vertretung am Winterthurer Polytechnikum zu übernehmen. Während dieser Zeit bereitete sich Mileva, die die Lehrerprüfung nicht bestanden hatte, in Zürich darauf vor, das Examen im Juli 1901 zum zweiten Mal zu machen, wieder ohne Erfolg.

Schon im April hatte sie festgestellt, dass sie schwanger war. Aber in ihrem Briefwechsel mit Albert fragte er erst Ende Mai zum ersten Mal nach dem »Jungen«, dem »Söhnchen und Deiner Doktorarbeit«. Zwischendurch schrieb er begeistert über eine Arbeit von Philipp Lenard in Heidelberg über die Emission von Kathodenstrahlen (Elektronen) aus Metallelektroden durch ultraviolettes Licht. Der Eindruck dieser Arbeit »erfüllt ihn mit solchem Glück und solcher Lust«, dass er auch Mileva unbedingt daran teilhaben lassen wollte.

Nachdem Mileva im Juli 1901 das Examen zum zweiten Mal nicht bestanden hatte, fuhr sie nach Hause nach Neusatz (Novi Sad). Dort erlebte sie einen Schock: Alberts Eltern hatten einen Brief an Milevas Eltern geschrieben, in dem sie die Heirat rundweg ablehnten. Nun war sie beunruhigt: würde Albert sich trotzdem an sein Versprechen halten? Er war inzwischen angestellt an einer Privatschule in Schaffhausen am Rheinfall, um einen Zögling zur Matura vorzubereiten. Mileva machte sich also auf, um ihn dort zu besuchen und sich seiner Liebe zu versichern. Sie übernachtete aber, um kein Aufsehen zu erregen, im benachbarten Stein am Rhein, wo sie mehr als zwei Wochen blieb. Sie besuchte ihn in Schaffhausen und erwartete seine Gegenbesuche in Stein am Rhein. Wenn er nicht kam, war sie »vorläufig recht bös«.

Nach zwei Wochen in Stein am Rhein reiste sie nach Neusatz zurück, um sich auf die Geburt des Kindes zu Hause bei den Eltern vorzubereiten. Sie wünschte sich ein Mädchen, das sie Lieserl nannten, er stellte sich das Kind ganz im Geheimen (»so dass es das Doxerl nicht merkt«) lieber als Hanserl vor.

Das einzige zu lösende Problem, schrieb er im November, ist »die Frage, wie wir unser Lieserl zu uns nehmen könnten; ich möchte nicht, dass wir es aus der Hand geben müssen.«

Im Januar 1902 wurde das Kind in Neusatz (Novi Sad) geboren. Anderthalb Jahre später wurde es zum letzten Mal in einem Brief erwähnt, weil es an Scharlach erkrankt war. Andere Dokumente konnten nicht aufgefunden werden, Einstein hat die Existenz seiner Tochter bis an sein Lebensende verschwiegen und seine Nachlassverwalter zur Verschwiegenheit verpflichtet. Erst nach Milevas Tod 1948 wurden die Liebesbriefe aus dieser Zeit bei der Auflösung ihrer Wohnung in der Huttenstraße in Zürich durch die Schwiegertochter Frieda Einstein-Knecht aufgefunden. Sie konnten wegen des Widerstands der Nachlassverwalter Einsteins erst im Jahre 1987 durch Robert Schulmann und Jürgen Renn veröffentlicht werden. Die meisten Historiker nehmen an, Lieserl sei zur Adoption in

Novi Sad freigegeben worden, allerdings fehlen jegliche Nachweise dafür.

Eine neue Spur ergab sich 2015 aus Briefen eines in Kanada lebenden Deutschen, Helmut Lang, an den Autor. Lang lebte seit seiner Geburt 1956 bis 1974 mit seiner Großmutter Marta Zolg, geb. Gießler, in Bietingen, einem Ortsteil von Gottmadingen bei Konstanz. Von ihr habe er erfahren, dass sie Einsteins Tochter sei. Nach der Erzählung wurde das als Marta Marić im Januar in Novi Sad 1902 geborene Kind mit einer Kutsche im Dezember 1903 nach Nordrach bei Oberhamersbach im Schwarzwald gebracht und dort am 7. Januar 1904 als Tochter Marta des Landwirts Michael Gießler (1864–1928) und seiner Frau angemeldet. Nach einer Ausbildung in einem Hotel in Frankfurt von 1918 bis 1928, wo sie erfuhr, dass Albert (sie nannte ihn das hohe Tier) ihr Vater war und die Eltern sie damals zur Adoption abgegeben hatten, lebte sie in Bietingen mit ihrem Mann Ernst Zolg und hatte drei Kinder. Sie starb 1980 in Bietingen im Alter von 78 Jahren.

Mileva und Albert heirateten im Jahr 1903 ohne Beteiligung beider Familien. Der Vater Hermann Einstein hatte vor seinem Tod am 10. Oktober 1902 noch seine Einwilligung gegeben.

Aber für die junge Ehefrau war das traumatische Ereignis, ihr Kind weggeben zu müssen, ein erster Schock, der nachwirkte und die junge Ehe nachhaltig belastete, wie ihr 1904 geborener Sohn Hans Albert später andeutete. Ein weiterer Sohn Eduard wurde 1910 geboren, auch seine gesundheitlichen und psychischen Probleme machten der Mutter zu schaffen.

In den folgenden Jahren begann Einsteins kometenhafter Aufstieg zum weltweit anerkannten Physiker, Mileva kümmerte sich um den Haushalt und die Kinder. Die verschiedenen Stationen seines Aufstiegs machte sie klaglos mit: Bern, Zürich, Prag, wieder Zürich. Hier fühlte sie sich zu Hause. Als Einstein dann das verlockende Angebot aus Berlin annahm, verstärkte sich die Entfremdung zwischen dem Ehepaar. Mileva machte zwar noch einen Versuch, nach Berlin umzuziehen, fühlte sich dort aber isoliert und konnte sich nicht vorstellen, dort zu leben. Denn sie hatte bemerkt, dass Albert schon länger ein Verhältnis mit seiner Cousine Elsa in Berlin hatte. Ihr gegenüber bekannte er, er würde etwas drum geben, wenn er einige Tage mit ihr verbringen könnte, aber ohne mein »Kreuz«. Damit ist Mileva gemeint, die er später mit einem »†«-Zeichen abkürzte und als den »sauersten Sauertopf« bezeichnete. Albert dachte zunächst eher an eine Menage à trois mit Mileva als Ehefrau und Elsa als Geliebter. Elsa wollte aber schon im November 1913, dass er sich scheiden ließ.

Einstein mit Elsa und Stieftochter Margot 1927

Als Einstein im März 1914 seine Stelle bei der Akademie antrat, musste er allein reisen. Mileva sträubte sich gegen den Umzug und verfiel in Depressionen. In Berlin kannte sie niemanden, aber sie wusste von Elsa, und auch der geplante Umzug ihrer kritischen Schwiegermutter Pauline nach Berlin machte ihr Angst. So fuhr sie auf ärztlichen Rat zunächst nach Locarno zur Erholung, bevor sie mit den Kindern im Mai nach Berlin folgte. Sie wollte von den neuen Kollegen Planck, Nernst,

Haber, niemanden kennenlernen. Einstein hatte kein Verständnis für ihre Scheu und Unsicherheit. Aus dem gemeinsamen Familienleben in einer Wohnung in Dahlem wurde nichts. Beide zogen schließlich aus. Zu diesem Zeitpunkt hatte Albert sich innerlich von Mileva schon getrennt. Er machte dies auch Mileva klar, indem er ihr im Juli schriftliche Verhaltensregeln vorlegte. Er teilte ihr die Bedingungen mit, unter denen er bereit sei, wieder mit ihr zusammenzuleben. Außer der Instandhaltung seiner Kleider und Wäsche sowie seines Arbeits- und Schlafzimmers fordert er die Lieferung dreier Mahlzeiten in seinem Zimmer. Mileva solle auf alle persönlichen Beziehungen zu ihm verzichten, es sei denn deren (scheinbare) Aufrechterhaltung sei aus gesellschaftlichen Gründen unbedingt geboten. Weder Zärtlichkeiten noch Vorwürfe seien erlaubt, sein Zimmer müsse sie sofort verlassen, wenn er dies verlange.

Die Trennung im Sommer 1914 war die Konsequenz aus der verfahrenen Beziehung. In Begleitung des Freundes Michele Besso, der aus Zürich angereist war, verließ Mileva mit den Kindern Berlin, Einstein verabschiedete sie unter Tränen am Bahnhof. Mit der ihm seit Kindestagen vertrauten Kusine Elsa glaubte Albert, sein persönliches Glück gefunden zu haben. Der Trennungsschmerz war schnell überwunden, denn Elsa bot ihm Ersatz. An sie schrieb er nach dem Abschied von seiner Familie am Bahnhof:

> »Du l[iebes] Elschen, wirst nun meine Frau werden und Dich überzeugen, dass es gar nicht hart ist, neben mir zu leben. Ich weiß doch, dass Du es verstehst. Nach so vielen Jahren wirst Du wieder das Haus regieren und frei schalten können, und alle Menschlein werden Dir Ehre erweisen. [...] Schreib bald und sei innig geküsst von Deinem Albert. Grüße an Ilse & Margot vom Stiefvater!«

Zunächst aber empfand er ein unbeschreibliches Behagen in dem Bewusstsein, sein »Schloss Seelenruhe« wiedergefunden zu haben und beschaulich allein in seiner großen Wohnung zu hausen. »Der Entschluss, mich zu isolieren, gereicht mir zum Segen«, schrieb er an den Freund Ehrenfest.

Abgesehen von den wöchentlichen Terminen beim Physikalischen Kolloquium mittwochs, bei der Akademie donnerstags und 14-täglich in der Physikalischen Gesellschaft arbeitete er

6 Wahlverwandtschaften

jetzt in der Einsamkeit ungestört an der Allgemeinen Relativitätstheorie und verfiel in einen Schaffensrausch, in dem er überhaupt nicht mehr auf seinen körperlichen Zustand achtete, sich völlig unregelmäßig verpflegte und nächtelang arbeitete.

Der Kriegsausbruch und die Begeisterung der Menschen machten ihn zum pazifistischen Außenseiter. »Unglaubliches hat nun Europa in seinem Wahn begonnen«, schrieb er an Ehrenfest. Aber er tröstete sich mit Sarkasmus: »Warum soll man als Dienstpersonal im Narrenhaus nicht vergnügt leben können?«

Und er stürzte sich in die Arbeit, obwohl die Kollegen das Problem der Gravitation für unlösbar hielten. Seit sieben Jahren arbeitete er nun daran, und »die Serie meiner Gravitationsarbeiten ist eine Kette von Irrwegen«, wie er später bekannte. Im Oktober 1915 stellte er fest, dass seine letzten in den Sitzungsberichten der Preußischen Akademie veröffentlichten Ergebnisse nicht haltbar waren, sondern dass er zu seinen früher entwickelten Feldgleichungen zurückkehren müsse. Die stellten sich jetzt als die richtigen heraus, wie es im Kapitel 3.4 beschrieben wurde.

Es war ein grandioser Erfolg. Er schrieb, er »habe gearbeitet wie ein Pferd, geraucht wie ein Schlot und kaum etwas gegessen«. Auch die Lebensmittel wurden knapper. Im Dezember gestand er dem Freund Besso, er sei »zufrieden, aber ziemlich kaputt«.

Der Schaffensrausch ging weiter, im Jahre 1916 folgten zehn Publikationen, z. B. über Gravitationswellen, die Schwarzschild-Lösung der kosmologischen Gleichung und den Einstein-de Haas-Effekt. Aber der Erfolg hatte seinen Preis: Einstein erkrankte, hatte Probleme mit dem Magen und der Leber, musste auf Diät umstellen. Auch Lebensmittelpakete von Verwandten aus der Schweiz halfen da nicht weiter. Da griff Elsa ein, die bisher nur aus der Entfernung helfen konnte.

Sie überzeugte ihn im Sommer 1917, von seiner bisherigen Wohnung in ihre Nähe zu ziehen. Sie lebte mit ihren zwei Töchtern im Haus ihrer Eltern in der Haberlandstraße 5 im unteren Stockwerk. Von hier aus konnte sie nach seinem Umzug für ihn kochen, als er ab dem Dezember wegen seines Magengeschwürs monatelang das Bett hüten musste. Erst im April 1918 konnte er wieder ausgehen. Die Gelbsucht, die er sich zugezogen hatte, war im Mai 1918 noch nicht ausgeheilt. Nun drängte Elsa immer entschiedener darauf, dass er sich endlich von Mileva scheiden lassen sollte.

Nach mehrfachen Versuchen, die von Mileva regelmäßig abgelehnt wurden, führte der dritte Anlauf schließlich zum Ziel. Nach langen Verhandlungen über die finanziellen Regelungen willigte Mileva im Sommer 1918 in die Scheidung ein. In der Vereinbarung wurde ihr das Sorgerecht für die Kinder und das Preisgeld des zukünftigen Nobelpreises zugesprochen, mit dem Einstein sicher rechnete. Dem folgte im Februar 1919 eine Verhandlung vor einem Züricher Gericht, bei dem Mileva Albert wegen Ehebruchs verklagt hatte. Das Gericht billigte die Vereinbarung und machte dem schuldig gesprochenen Albert die Auflage, zwei Jahre nicht zu heiraten. Mileva blieb mit den Söhnen Hans Albert und Eduard in Zürich. Als Einstein 1922 den Nobelpreis erhielt, überwies er ihr (angeblich »um Steuern zu sparen«) nur ein Viertel des Geldes, mit dem sie das Haus an der Huttenstraße 62 erwarb. Sieben Jahre später überwies er nochmals ein Viertel. Den Rest der Summe investierte er bei einer amerikanischen Bank, die Zinsen erhielt Mileva, die Verwaltung lag in seinen Händen. In der Huttenstraße lebte Mileva bis zu ihrem Tod 1948.

Vier Monate nach der Scheidungsverhandlung in Zürich heiratete Einstein in Berlin Elsa. Zu dieser Zeit war sie 43 Jahre alt, er 40. Das Ehepaar zog mit Elsas Töchtern Ilse und Margot in Elsas Wohnung in der Haberlandstraße 5. Zwei zusätzliche Zimmer wurden auf einer höheren Etage als Arbeitszimmer für Einstein eingerichtet, darunter das »Turmzimmer«. Elsa entsprach in Vielem dem von Albert so verachteten Bürgertum, den Philistern, wie er sie in Anlehnung an Schopenhauer nannte. Sie bemutterte ihr »Albertle« und war stolz auf ihn und darauf, die Frau eines bedeutenden Mannes zu sein.

Charlie Chaplin bemerkte über sie, sie sei ein vierschrötiges Weib, das glücklich war, die Frau eines großen Mannes zu sein und daraus kein Hehl machte. Unter ihrer Obhut besserte sich seine Gesundheit, wie er 1920 an Besso schrieb. Er ließ sich verwöhnen und empfing gerne Gäste in der Wohnung, ein Bohemien in einem großbürgerlichen Haushalt.

Einstein im Turmzimmer der Haberlandstraße 5 in Berlin, 1927

Für Elsa war das Zusammenleben mit Albert allerdings entbehrungsreich. Erste Priorität hatte die Arbeit, das Familienleben war unwichtig. Elsa schrieb:

> »Er geht in sein Arbeitszimmer, kommt herunter, spielt ein paar Akkorde Klavier, schlingt etwas hinunter, geht zurück in sein Zimmer. An solchen Tagen machen sich Margot und ich rar. Wir stellen etwas zum Essen auf den Tisch und legen den Mantel bereit (falls er ausgehen möchte).«

Enttäuscht schrieb sie an Ehrenfest, Alberts Wille sei unergründlich, unfassbar.

Ein Gast des Hauses merkte an, man habe nicht den Eindruck von viel intimer Zuneigung zwischen den beiden. Das Schlafzimmer von Elsa lag neben dem ihrer Töchter, Alberts Schlafzimmer dagegen am Ende des Flurs. An Alberts grundsätzlicher Abneigung gegen die Ehe änderte sich im Laufe der Beziehung nicht viel. Sein Bonmot dazu klingt zynisch: »Leben ist wie rauchen, speziell die Ehe.« Einstein wusste, dass er für die Ehe nicht geeignet war, anlässlich einer Würdigung des Freundes Michele Besso schrieb er: »was ich an ihm bewundere als Mensch, dass er es schaffte, viele Jahre in Frieden und Harmonie mit einer Frau zu leben – ein Vorhaben, bei dem ich zweimal schändlich scheiterte.« Drastischer drückte er es später so aus: Ich habe zwei Frauen und die Nazis überstanden.

Seine Freiräume wuchsen, seitdem er sein Sommerhaus in Caputh am Schwielower See westlich von Berlin bezog und dort die Sommermonate segelnd und schwimmend verbrachte. Dort empfing er den Besuch von Freundinnen. Elsa blieb in der Stadt.

Nach der Emigration 1933 und dem Einzug in das eigene Haus in Princeton 1935 starb Elsa 1936. Eine weitere Tochter Einsteins wurde 1942 geboren, sie entstammte der Beziehung zu einer Nachtklubtänzerin in New York, wie seine Stieftochter Margot an Hedwig Born nach seinem Tod 1955 schrieb. Auch diese Tochter wurde zur Adoption weggegeben. Die Wissenschaft hatte Vorrang.

Heisenbergs Familie

Werner Heisenberg wuchs in Würzburg und München wohlbehütet zusammen mit seinem Bruder Erwin auf. Während der Schul- und Studentenzeit konzentrierte er sich auf die Arbeit, Mädchen spielten keine Rolle. Seine romantischen Neigungen lebte er in seiner Jugendgruppe bei Wanderungen im Gebirge oder im Altmühltal aus, immer verbunden mit Musik und philosophischen Gesprächen. Enge Freundschaften verbanden ihn mit gleichaltrigen Studenten und Wanderfreunden. Die Natur draußen zu erleben und ihre inneren Zusammenhänge zu verstehen, war sein Ziel, so wollte er leben.

Nach dem Abitur begann er das Studium bei Sommerfeld in München. Ungewöhnlich früh, schon mit 20 Jahren, vollendete er seine Doktorarbeit und bestand die Rigorosum-Prüfung. Da war keine Zeit und wohl auch kein Interesse für Liebschaften. Während sein Studienfreund Wolfgang Pauli die Abende und Nächte in Bars zubrachte, war Heisenberg Frühaufsteher. Auf die Promotion in München folgte die Assistentenzeit bei Max Born in Göttingen, die Berichte an die Eltern geben Auskunft darüber. Die erste Begegnung mit Niels Bohr, dem großen verehrten Vorbild, bei den Bohr-Festspielen in Göttingen, der Aufenthalt in Kopenhagen, die Habilitation 1924 in Göttingen, der Durchbruch zur Quantenmechanik 1925 auf Helgoland, die Erkenntnis der Unschärferelation 1927 in Kopenhagen, das alles drängte sich in wenigen Jahren zusammen. Die Professur in Leipzig 1928 war die logische Konsequenz dieser großen Erfolge, und die Krönung stellte natürlich die Verleihung des Nobelpreises für das Jahr 1932 im Oktober 1933 dar. Zur Preisverleihung in Stockholm begleitete ihn seine Mutter. Er war 31 Jahre alt und noch ungebunden.

Erst jetzt begann er sich für Frauen zu interessieren. Sein zehn Jahre jüngerer Doktorand Carl-Friedrich von Weizsäcker hatte eine jüngere Schwester, Adelheid, in die sich Werner verliebte. Aber deren Eltern betrachteten wohl den bürgerlichen Heisenberg als nicht ebenbürtig, außerdem war Adelheid erst 17 Jahre alt. Erst einige Jahre später ebnete die Musik ihm den Weg zu seiner Frau. Bei einem kammermusikalischen Abend im Januar 1937 in Leipzig spielte er den Klavierpart des zweiten Trios von Beethoven. Beim langsamen Satz *Largo con espressione* traf sich sein Blick mit dem der angehenden Buchhändlerin Elisabeth Schumacher. In seiner Autobiographie schrieb er darüber sehr scheu: »und der langsame Satz des Trios (Beethoven, G-Dur) wurde von meiner Seite schon eine Fortsetzung des Gesprächs mit dieser Zuhörerin.«

Schon nach zwei Wochen feierten die beiden Verlobung, und drei Monate später fand die Hochzeit statt. Neun Monate darauf wurden die Zwillinge Anna Maria und Wolfgang geboren, in den Jahren danach folgten weitere fünf Kinder, Jochen (1939), Martin (1940), Barbara (1942), Christine (1944) und Verena (1950).

Durch den Kriegsausbruch 1939 wurden die Eheleute getrennt, in den nächsten acht Jahren konnten sie nur höchstens die Hälfte der Tage zusammen verbringen. Während er in Leipzig auf seine Einberufung wartete, nach Berlin beordert und wieder nach Leipzig zurückgeschickt wurde und am Uranprojekt arbeitete, zog sie mit den Kindern auf den Bauernhof in Urfeld über dem Walchensee und schlug sich durch trotz aller widrigen Umstände in Kriegszeiten.

Ihr Briefwechsel in Zeiten der Trennung dokumentiert eindrucksvoll die Lebenswege unter der Diktatur. Neben den alltäglichen Problemen kommt immer wieder die Sprache auf Literatur oder Musik, Storm, Stendhal, Schubert und natürlich auf die Erziehung der Kinder. Von den Forschungen am geheimen Uranprojekt redet Heisenberg nicht, dagegen oft von seiner »eigenen Wissenschaft«, für die er immer zu wenig Zeit hat. Damit meint er die Probleme der theoretischen Physik, die ihn zu dieser Zeit beschäftigten, die Streuung der Elementarteilchen und die Erforschung der kosmischen Strahlung.

Die Briefe geben auch Auskunft darüber, warum Heisenberg die Angebote aus Amerika nicht angenommen hat: obwohl absehbar war, dass während des drohenden Krieges das Leben in den USA einfacher sein würde, und obwohl er erwartete, dort wissenschaftlich sogar bessere Bedingungen zu haben, konnte er sich nicht vorstellen, die Heimat aufzugeben und seine Kinder in einer kulturell verschiedenen Umgebung aufwachsen zu lassen. Ob Elisabeth oder Werner bei dieser Frage für oder gegen die Emigration entschieden haben, ist nicht bekannt. Jedenfalls haben sie am Ende zusammen entschieden zu bleiben.

7 Religion und die Ordnung der Wirklichkeit

Einsteins Religion

Albert Einstein, in dessen Familie die Religion keine große Rolle spielte, erhielt in der Münchner Volksschule katholischen und im Gymnasium »israelitischen« Religionsunterricht. Dabei entdeckte er, dass die biblischen Geschichten von der Erschaffung der Welt mit seinem aus populärwissenschaftlichen Schriften bezogenen Naturbild nicht übereinstimmen konnten und begann, an der Bibel zu zweifeln. Er glaubte nur, was er verstanden hatte. Zudem lehnte er jeden Zwang einer Autorität ab, auch den der Religionsgemeinschaften. Zur Teilnahme am Gottesdienst und zum Glauben an bestimmte Dogmen verpflichtet zu sein, widerstrebte ihm. Deshalb beschloss er schon im Münchner Gymnasium, aus der jüdischen Religionsgemeinschaft auszutreten, was er dann auch nach seiner Flucht nach Italien tat.

Die politischen Entwicklungen, der Antisemitismus und die Verfolgung der Juden führten dann allerdings dazu, dass er ein überzeugter und wortgewaltiger Anhänger des Zionismus wurde. Nach der Gründung Israels wurde ihm sogar angetragen, Präsident des Landes zu werden.

Oberflächlich betrachtet konnte man ihn für einen religiösen Menschen halten, wenn man, wie Friedrich Dürrenmatt 1979 bei einem Vortrag an der ETH Zürich, seine häufige Zitierung des Gottesnamens betrachtet. »Einstein pflegte so oft von Gott zu reden, dass ich beinahe vermute, er sei ein verkappter Theologe gewesen.« Seine religiösen Überzeugungen waren davon unabhängig, er war skeptisch gegenüber der Vorstellung eines persönlichen Gottes.

1929 beantwortete er die Frage »Glauben Sie an Gott?« mit einem Telegramm an Herbert S. Goldstein (New York):

> »Ich glaube an Spinozas Gott, der sich in der gesetzlichen Harmonie des Seienden offenbart, nicht an einen Gott, der sich mit dem Schicksal und den Handlungen der Menschen abgibt.«

Diese Auffassung eines Gottes, der sich in den Naturgesetzen zeigt, entspricht der alten Vorstellung vom »messenden« Gott, der den Weltkreis mit dem Zirkel ausmisst, so wie es der mittelalterliche Buchmaler in Reims im Jahre 1250 dargestellt hat. In dieser Auffassung kommen sich Einstein und Heisenberg ziemlich nahe.

Der messende Gott, Bible moralisée, 1250, Reims

Nach dem Bekanntwerden dieses Telegramms erhob sich in Amerika heftiger Widerspruch. Besonders seine Ablehnung eines persönlichen Gottes brachte ihm den Protest frommer Amerikaner ein. Aber er wich nicht von seiner Meinung ab und argumentierte theologisch:

7 Religion und die Ordnung der Wirklichkeit 189

»Wenn nämlich dieses Wesen allmächtig ist, so ist jedes Geschehen, also auch jede menschliche Handlung, jeder menschliche Gedanke und jedes menschliche Gefühl und Streben, sein Werk. Wie kann man denken, dass vor einem solchen allmächtigen Wesen der Mensch für sein Tun und Trachten verantwortlich sei? In seinem Belohnen und Bestrafen würde er gewissermaßen sich selbst richten. Wie ist dies mit der ihm zugeschriebenen Gerechtigkeit und Güte vereinbar?«

Viel später, ein Jahr vor seinem Tod, ging Einstein in einem Brief auf die dringenden Fragen des Autors und Philosophen Eric Gutkind ein, der ihm sein 1952 erschienenes Buch *Choose Life: The Biblical Call to Revolt* zugesandt hatte. Das zionistisch geprägte Buch interpretiert das Judentum als Avantgarde der Menschheit. Einsteins Brief an Gutkind ist im Internet verfügbar. Er wurde 2008 in London bei Bloomsbury Auctions versteigert und 2013 bei Ebay für mehr als 3 Millionen US $ weiterverkauft. In diesem Brief legt er ausführlich dar, was er von dessen Gottesvorstellung im Besonderen und von der Religion im Allgemeinen hielt:

Princeton, 3. I. 54. Lieber Herr Gutkind! Angefeuert durch wiederholte Anregung Brouwers habe ich in den letzten Tagen viel gelesen in Ihrem Buche, für dessen Sendung ich Ihnen sehr danke. Was mir dabei besonders auffiel war dies: Wir sind einander inbezug auf die faktische Einstellung zum Leben und zur menschlichen Gemeinschaft weitgehend gleichartig: über ein persönliches Ideal mit dem Streben nach Befreiung von ich-zentrierten Wünschen, Streben nach Verschönerung und Veredelung des Daseins mit Betonung des rein Menschlichen, wobei das leblose Ding nur als Mittel anzusehen ist, dem keine beherrschende Funktion eingeräumt werden darf. (Diese Einstellung ist es besonders, die uns als eine echt »unamerican attitude« verbindet) Trotzdem hätte ich mich ohne Brouwers Ermunterung nie dazu gebracht, mich irgendwie eingehend mit Ihrem Buche zu befassen, weil es in einer für mich unzugänglichen Sprache geschrieben ist. Das Wort Gott ist für mich nichts als Ausdruck und Produkt menschlicher Schwächen, die Bibel eine Sammlung ehrwürdiger aber doch reichlich primitiver Legenden. Keine noch so feinsinnige Auslegung kann (für mich) etwas daran ändern. Diese verfeinerten Auslegungen sind naturgemäß so höchst mannigfaltig und haben so gut wie nichts mit dem Urtext zu schaffen. Für mich ist die unverfälschte jüdische Religion wie alle anderen Religionen eine Incarnation des primitiven Aberglaubens. Und das jüdische Volk, zu dem ich gerne gehöre und mit dessen Mentalität ich tief verwachsen bin, hat für mich doch keine andersartige Dignität als alle anderen Völker. Soweit meine Erfahrung reicht ist es um nichts besser als andere menschliche Gruppen, wenn es auch durch Mangel an Macht gegen die schlimmsten Auswüchse gesichert ist. Sonst kann ich nichts ›Auserwähltes‹ an ihm wahrnehmen. Überhaupt empfinde ich es schmerzlich, dass Sie eine privilegierte Stellung beanspruchen und sie durch zwei Mauern des Stolzes zu verteidigen suchen, eine äußere als Mensch und eine innere als Jude. Als Mensch beanspruchen Sie gewissermaßen einen Dispens von der sonst acceptierten Kausalität, als Jude ein Privileg für Monotheismus. Aber eine begrenzte Kausalität ist überhaupt keine Kausalität mehr, wie wohl zuerst unser wunderbarer Spinoza mit aller Schärfe erkannt hat. Und die animistische Auffassung der Naturreligionen wird im Prinzipe durch Monopolisierung nicht aufgehoben. Durch solche Mauern können wir nur zu einer gewissen Selbsttäuschung gelangen; aber unsere moralischen Bemühungen werden durch sie nicht gefördert. Eher das Gegenteil.

Nachdem ich Ihnen nun ganz offen unsere Differenzen in den intellektuellen Überzeugungen ausgesprochen habe, ist es mir doch klar, dass wir uns im Wesentlichen ganz nahe stehen, nämlich in den Bewertungen menschlichen Verhaltens. Das Trennende ist nur intellektuelles Beiwerk oder die »Rationalisierung« in Freud'scher Sprache. Deshalb denke ich, dass wir uns recht wohl verstehen würden, wenn wir uns über konkrete Dinge unterhielten.

Mit freundlichem Dank und besten Wünschen

Ihr

A. Einstein

Zwei Monate später, im März 1954 wiederholte er dieses Bekenntnis mit anderen Worten:

»Falls es in mir etwas gibt, das man religiös nennen könnte, so ist es eine unbegrenzte Bewunderung der Struktur der Welt, so weit sie unsere Wissenschaft enthüllen kann.«

Heisenbergs religiöse Philosophie

Heisenberg wuchs in einer protestantischen Familie auf. Er besuchte den evangelischen Religionsunterricht, wurde konfirmiert und kirchlich getraut. Über seinen religiösen Glauben hat er in seinem Buch *Der Teil und das Ganze* geschrieben. Bei einer Diskussion über die positivistischen Philosophen 1952 in Kopenhagen mit Bohr und Pauli äußerte er:

7 Religion und die Ordnung der Wirklichkeit

»Wir wissen, dass es sich bei der Religion um eine Sprache der Bilder und Gleichnisse handeln muss, die nie genau das darstellen können, was gemeint ist. Aber letzten Endes geht es wohl in den meisten alten Religionen um den gleichen Inhalt, den gleichen Sachverhalt, der eben in Bildern und Gleichnissen dargestellt werden soll und der an zentraler Stelle mit der Frage der Werte zusammenhängt. Aber es bleibt doch die Aufgabe gestellt, diesen Sinn zu verstehen, da er offenbar einen entscheidenden Teil unserer Wirklichkeit bedeutet.«

Und weiter: »Ist es völlig sinnlos, sich hinter den ordnenden Strukturen der Welt im Großen ein ›Bewusstsein‹ zu denken, dessen ›Absicht‹ sie sind?« Hier trifft sich Heisenbergs Denken mit dem Einsteins, der oft von Gott als dem »Alten« spricht und meint, hinter den wunderbaren und mathematisch formulierbaren Naturgesetzen den Plan des Alten zu erkennen. Dass diese Gesetze nicht chaotisch, sondern für uns durchschaubar sind, drückt Einstein in seiner charakteristisch ironischen Art so aus: »Raffiniert ist der Herrgott, aber boshaft ist er nicht«.
Heisenberg fährt fort:

»Die Frage nach den Werten, – das ist doch die Frage nach dem, was wir tun, was wir anstreben, wie wir uns verhalten sollen [...] es ist die Frage nach dem Kompass, nach dem wir uns richten sollen, wenn wir unseren Weg durchs Leben suchen. Dieser Kompass hat in den verschiedenen Religionen und Weltanschauungen sehr verschiedene Namen erhalten: das Glück, der Wille Gottes, der Sinn [...] ich habe den Eindruck, dass es sich in allen Formulierungen um die Beziehungen der Menschen zu der zentralen Ordnung der Welt handelt.«

Auf die Frage Paulis, ob er an einen persönlichen Gott glaube, sagt Heisenberg, für ihn könne die zentrale Ordnung (sein Symbolwort für Gott) mit der gleichen Intensität gegenwärtig sein wie die Seele eines anderen Menschen. Und unsere westliche Ethik habe immer noch ihre Basis im Christentum.

Über die *Ordnung der Wirklichkeit* hat Heisenberg im düsteren Jahr 1942 einen umfassenden Essay geschrieben, in dem er alle Zweige der Wissenschaften und Kunst in ein großes Bild seiner Weltsicht einordnete. Die Schrift veröffentlichte er nicht, weil sie als Kritik an den politischen Zuständen verstanden werden konnte. Sie wurde erst nach seinem Tod bekannt.

In dieser Schrift spielt auch die Musik eine wichtige Rolle. Seine Tochter Barbara Blum schreibt:

»Für ihn bedeutete die Musik, ähnlich wie die Mathematik, ein Tor zur Erkenntnis dessen, was er die zentrale Ordnung nannte. In ihr sah er die Wirksamkeit des ›Einen, zu dem wir in der Sprache der Religion in Beziehung treten‹ und das er ohne weitere Zweifel als das Gute empfand im Unterschied zu allem Verwirrten und Chaotischen.«

Ein Leben lang fühlte er sich vor die Aufgabe gestellt, »zu einem Verständnis der Wirklichkeit vorzudringen, das die verschiedenen Zusammenhänge als Teile einer einzigen sinnvoll geordneten Welt begreift.«

Dabei war ihm durchaus bewusst, dass die Sprache letztendlich unzulänglich ist: »Die Fähigkeit des Menschen, zu verstehen, ist unbegrenzt. Über die letzten Dinge kann man nicht sprechen. An ihrer Stelle muss die Musik selber sprechen.« Ein Freund Heisenbergs sagte über ihn: »Wo bei anderen die Religion anfängt, kommt bei Heisenberg die Musik.«

8 Die Rolle der Musik

Einstein wuchs in einem Haus auf, in dem die Mutter Pauline Musik liebte und selbst gut Klavier spielte. Die Mutter wird es auch gewesen sein, die ihn mit sechs Jahren zum Geigenunterricht schickte. Die Grundlagen des Geigens erfordern zunächst eine harte Schule technischer Übungen. Die gefielen dem Jungen Albert gar nicht, und offenbar hatten die Lehrer auch nicht das Talent, die Durststrecke der ersten Jahre des Übens durch die Begeisterung für die Aussicht auf wirkliche Musik zu überbrücken. Erst im Alter von 13 Jahren, als er zum ersten Mal eine Violinsonate von Mozart zu hören bekam, stellte sich bei Einstein der Wunsch ein, eine solche Sonate zu spielen. Da er merkte, dass sein technisches Können dazu nicht ausreichte, begann er ernsthaft zu üben. Später, als in Aarau der berühmte Violinvirtuose Joseph Joachim ein Konzert gab, beschaffte sich Albert die Noten der im Konzert angekündigten Stücke und wollte die Stücke vor dem Konzert kennenlernen, indem er sie selbst spielte. So versuchte er sich an der G-Dur-Sonate von Brahms, der *Regenlied-Sonate* op.78, einem schwierigen Stück.

Bei der Abiturprüfung in Musik spielte er ein Adagio aus einer der Beethoven-Sonaten, die vom Lehrer als »verständnisinnig« bewertet wurde. Das zeigt, dass Einstein sich ein beachtliches Können angeeignet hatte. Merkwürdigerweise war es damals auch üblich, die Singstimme von Liedern, etwa von Schubert oder Schumann, auf der Geige zu spielen. Einstein scheint besonders diejenigen Schumann-Lieder geschätzt zu haben, deren leicht ironischer Text von Heine stammte.

Später, in den 1920er Jahren, kam es vor, dass berühmte Solisten auf ihrer Konzerttournee in Berlin Station machten und dabei den berühmten Mann kennenlernen wollten. Manchmal benutzte Einstein die Gelegenheit, um die musikalischen Berühmtheiten zur Kammermusik einzuladen. So spielte er einmal mit dem russischen Cellisten Piatigorsky und einem Pianisten Klaviertrio. Nachdem das Stück beendet war, fragte Einstein Piatigorsky, wie sein Spiel gewesen sei. Piatigorsky antwortete: »Relativ gut!«

In Heisenbergs Familie gab es eine lange musikalische Tradition. In seinem Arbeitszimmer hing das Porträt des Vorfahren August Zeising, der ein Schüler von Louis Spohr und anerkannter Geiger zu seiner Zeit war. Heisenbergs Vater liebte die Musik, er sang die schwierigsten Arien mit Begeisterung. Der junge Werner begann mit fünf Jahren mit dem Klavierunterricht und brachte es bald soweit, dass er den Vater bei Liedern und Opernarien begleiten konnte.

Er war ein begabter Musiker, das geht aus dem Repertoire hervor, das er sich relativ schnell in seinen jungen Jahren angeeignet hatte. Während der Arbeit auf dem Bauernhof in Miesbach im Rahmen des Hilfsdienstes hatte er noch genügend Energie, um Liszt-Rhapsodien zu üben und den Klavierpart einer Violinsonate von Grieg zu erarbeiten.

An seinem 21. Geburtstag schrieb er aus Göttingen an seinen Bruder, er habe den ganzen Abend Chopin-Preludes gespielt und zum ersten Mal mit Max Born musiziert: »Wir spielten ein Mozart- und ein Beethoven-Klavierkonzert auf zwei Klavieren, d. h. so, dass das eine Klavier den Orchesterteil übernahm. Besonders das Beethovenkonzert, das ich noch nicht kannte, war unglaublich schön.« Aus dem Nachsatz ist zu entnehmen, dass er dieses Konzert vom Blatt spielen konnte.

In den Jahren 1932 bis 1936 erarbeitete er in Leipzig unter Anleitung eines Lehrers einige Klavierkonzerte von Beethoven, die er auch auswendig lernte und beschäftigte sich mit Kontrapunkt und Fuge. 1932 versuchte er sogar, eine Fuge zu schreiben.

Gerade für die analytische Arbeit an der Musik interessierte sich Heisenberg besonders, da er dabei ähnliche mathematische Strukturen erkannte wie in der Naturwissenschaft. Er beschreibt dies so: »Aber auch Darstellungen der Wirklichkeit, die der exakten Naturwissenschaft ganz fernstehen, wie die Musik oder die bildende Kunst, offenbaren bei genauerer Analyse innere Ordnungen, die mit mathematischen Gesetzen aufs engste verwandt sind. Diese Ordnungen können so deutlich in

Erscheinung treten wie etwa in einer Bach'schen Fuge oder einem symmetrischen Bandornament, oder sie können sich zunächst nur durch eine besondere Ausgewogenheit, eine unmittelbar einleuchtende Schönheit einer Melodieführung bemerkbar machen [...] – immer zeigt eine nähere Untersuchung einfache mathematische Symmetrien, ähnlich denen, die von den Mathematikern in der Gruppentheorie behandelt werden.«

In der Schrift *Ordnung der Wirklichkeit* spricht er von dem Bewusstwerden der anderen, höheren Welt: »Dies gilt auch, insbesondere jetzt in unserer Zeit, für viele Menschen, die keiner Religionsgemeinschaft angehören, und denen etwa in den Tönen einer Bach'schen Fuge oder in dem Aufleuchten einer wissenschaftlichen Erkenntnis die andere Welt zum ersten Mal begegnet ist.«

Heisenberg war kein Virtuose, seine Kunst war sein weicher, sensibler Anschlag, der besonders auf seinem Blüthner-Flügel zur Geltung kam und ideal war für das Zusammenspiel bei der Kammermusik.

Musik war für ihn Kommunikation. Von Kopenhagen, wo ihm das Einleben schwerfiel, schrieb er an seine Eltern:

> »Heut Abend will ich mit einem jungen Physiker Cello und Klavier Beethoven-Sonaten spielen. Das wird sicher fein. Ohne Musik kann man wirklich nicht leben. Aber wenn man Musik hört, kommt man manchmal auf die absurde Idee, dass das Leben einen Sinn hätte.«

Wohin er auch kam, musizierte er mit Freunden und Kollegen in Leipzig und Berlin, mit Max Born in Göttingen und bei den Bohrs in Kopenhagen oder 1929 auf einer seiner Amerika-Reisen, mit Kollegen in Boston und Montreal, mit Karl Klingler in Berlin, mit Denes Zsygmondy in München. In der Familie lernten alle Kinder, ein Musikinstrument zu spielen, Geige, Bratsche, Cello, Querflöte oder Klavier. Gemeinsames Musizieren war Teil des Lebens. Zu seinem 60. Geburtstag wurde ihm vom Symphonie-Orchester des Bayerischen Rundfunks der Wunsch erfüllt, ein Mozart-Klavierkonzert einmal mit professionellen Musikern in der Originalbesetzung spielen zu dürfen. Das Konzert wurde im Rundfunk übertragen.

Höhepunkte des häuslichen Musizierens waren Aufführungen der Bach'schen Motette *Jesu meine Freude* und der Kantate *Weichet nur betrübte Schatten* oder, zum 65. Geburtstag Heisenbergs, der *Sinfonia concertante* in Es-Dur und des Klavierkonzerts in d-moll von Wolfgang Amadeus Mozart mit vollem Orchester im Freundeskreis.

9 Die späten Jahre

9.1 Einstein – der Weltweise in Princeton und seine »einheitliche Feldtheorie«

Mit seiner Emigration nach Amerika wuchs die internationale Berühmtheit Einsteins ins Mythische. Er wurde zur Ikone des Wissenschaftlers schlechthin, jedes Kind kannte sein Gesicht und das freche Bild, bei dem er dem Fotografen (und der Welt) die Zunge herausstreckte. Das lag einerseits an der Bekanntheit der Relativitätstheorie und der Faszination der Menschen von der Unendlichkeit des Universums und dem Geheimnis der Weltentstehung. Einstein erschien da als der Moses, der vom Berge herabsteigt und die Gesetzestafeln für die Bewegungen der Sterne und Planeten am Himmel mitbringt. Seine Botschaft ist geheimnisvoll in mathematische Formeln verpackt, man versteht sie nicht wirklich. Das verleiht ihm einen mythischen Charakter, jede Äußerung über beliebige Themen wird als unbestreitbare Weisheit geglaubt. Hinzu kam die Fähigkeit Einsteins, komplizierte Zusammenhänge in witziger oder spöttischer Weise in Bonmots für das Publikum auszudrücken. Manche dieser Aphorismen wurden zu geflügelten Worten, wie etwa das von der Unendlichkeit der menschlichen Dummheit im Vergleich zu der des Universums, oder das apodiktische »Gott würfelt nicht«, mit der er – vergeblich – die Erkenntnisse der Quantenmechanik *ad absurdum* führen wollte.

Diese Ablehnung formulierte er immer wieder in verschiedenen Variationen, z. B. im Jahre 1942, wenn er schrieb:

> »Es scheint hart, dem Herrgott in die Karten zu gucken. Aber dass er würfelt und sich telepathischer Mittel bedient (wie es ihm von der gegenwärtigen Quantentheorie zugemutet wird), kann ich keinen Augenblick glauben.«

Dieser Spruch, mit dem er sich weigerte, den neuen Realitätsbegriff der Quantenphysik zu akzeptieren, bezeichnet auch die weitere Entwicklung seiner wissenschaftlichen Arbeit. Einstein arbeitete weiter unermüdlich an seiner Feldtheorie, mit der er versuchte, die beiden »klassischen« Theorien der Elektrodynamik und der Gravitation zu einer gemeinsamen Theorie zu vereinigen. An dieser Aufgabe scheiterte er immer wieder. Wolfgang Pauli kommentierte diese Versuche schon im Jahre 1932 ironisch mit den Worten: »Die neue Feldtheorie Einsteins ist tot. Es lebe die neue Feldtheorie Einsteins«. Einstein selbst erkannte, dass seine Bemühungen erfolglos waren. Er schrieb:

> »Alle meine Versuche, die theoretischen Grundlagen der Physik an diese (neuen) Erkenntnisse anzupassen, sind vollständig gescheitert. Es war, als ob einem der Boden unter den Füßen weggezogen wurde, ohne dass ein fester Grund sichtbar war.«

Noch im Jahr 1948, nach Max Plancks Tod, bemerkte er resignierend: »Trotz bemerkenswerter Teilerfolge ist das Problem immer noch weit von einer Lösung entfernt.«

Der Grund für das Scheitern der Bemühungen lag zum Teil darin, dass Einstein alle neuen Entwicklungen und Entdeckungen, die mit der Quantenmechanik Heisenbergs und der Wellenmechanik Schrödingers zu tun hatten, vollständig ignorierte. Dazu gehörten die Entdeckung des Betazerfalls der Atomkerne, d. h. die Emission von Elektronen und Neutrinos aus dem Kern, die Untersuchung der starken Kräfte zwischen den Bestandteilen des Atomkerns, der Protonen und Neutronen und die Entdeckung neuer Elementarteilchen in der Höhenstrahlung aus dem Weltall. Schon im Jahre 1934 veröffentlichte Enrico Fermi in der *Zeitschrift für Physik* eine quantenmechanische Theorie des Betazerfalls: *Versuch einer Theorie der Beta-Strahlen*. Er beschrieb diese neue »schwache« Kraft in Analogie zur Elektrodynamik und stieß damit die Tür auf zu einer einheitlichen Theorie der drei fundamentalen Kräfte: Elektrodynamik, schwacher und starker Kernkraft. Die einzige Kraft, die sich bis heute nicht in dieses Schema einfügen lässt, ist die Gravitation. Einsteins Scheitern ist also verständlich. 60 Jahre später hat sich herausgestellt, dass der Versuch, die Gravitation im Rahmen der Quantenmechanik zu beschreiben, sie zu »quantisieren«, äußerst schwierig ist: er erfordert mathematisch ein Ausweichen in eine 11-dimensionale Welt. Dadurch wird es fast unmöglich, aus einer solchen Theorie nachprüfbare Vorhersagen abzuleiten.

Der öffentlichen Wahrnehmung Einsteins als des Weltweisen aus Princeton, der zu jeder Frage des Lebens eine Antwort hatte, tat es keinen Abbruch, dass er wissenschaftlich ein Außenseiter wurde. Er führte einen riesigen Briefverkehr, beantwortete Anfragen von Schülern genauso wie die von Staatsoberhäuptern.

Einstein in Princeton 1946

Sein ebenbürtiger Gesprächspartner in Princeton war Kurt Gödel, mit dem er nach dem Mittagessen oft einen Spaziergang machte. Seine zweite Frau Elsa war 1936 gestorben, ein Jahr nach dem Einzug in das eigene Haus Mercer Street 112, ebenso seine erste Frau Mileva in Zürich 1948. Auch seine Schwester Maja starb 1951, es wurde einsam um Einstein. So blieben ihm seine Sekretärin Helen Dukas und der treue Otto Nathan, die er auch zu seinen Nachlassverwaltern einsetzte. Das Verhältnis zu seinem Sohn Hans Albert, Professor in Berkeley, und zu seiner Schwiegertochter Frieda blieb gespannt. Und der jüngere Sohn Eduard musste in dem psychiatrischen Krankenhaus Burghölzli in Zürich untergebracht werden, wo sich der Freund Carl Seelig um ihn kümmerte.

9.2 Heisenberg – der Regierungsberater in Göttingen und München, Wiederaufbau, Weltformel

Schon während der Kriegsjahre machte sich Heisenberg Gedanken über die Zeit nach der Niederlage. Am 28. April 1944 schrieb er an Elisabeth: »es deutet manches auf eine baldige Invasion hin, man kann nur wünschen, dass sie bald kommt«, und vier Tage später nach einer langen Diskussion mit dem befreundeten Professor für physikalische Chemie Carl-Friedrich Bonhoeffer:

> »Ich habe sehr Angst davor, in den nächsten Jahren im Betrieb zu ersticken. Wenn man den Krieg überlebt, so habe ich vielleicht noch zehn Jahre, in denen ich hoffen kann, an der Wissenschaft aktiv teilzunehmen. Die möchte ich noch ganz für mich haben – d.h. für uns – und dann will ich gerne nachher die Pflichten der Öffentlichkeit gegenüber erfüllen, zu denen der Betrieb nun einmal gehört. Durch den Krieg haben wir alle so viele Jahre verloren, und da muss man sich schon genau überlegen, was man mit den nächsten Jahren tut. Wenn wir in München wären, so könnte ich gelegentlich, wenn ich allein nachdenken möchte, für ein paar Tage nach Urfeld.«

Das schrieb der 43-jährige Heisenberg, der selbstkritisch abschätzte, dass seine wissenschaftliche Kreativität abnehmen, er aber wichtige Aufgaben beim Wiederaufbau der Wissenschaft nach dem Kriege haben würde.

Zunächst aber wurde er verhaftet und mit den anderen Mitgliedern des *Uranvereins* in *Farm Hall* interniert. Dort erfuhren die deutschen Wissenschaftler, was sie zunächst nicht glauben können, dass die Amerikaner eine Atombombe entwickelt und über Japan eingesetzt hatten. Heisenberg begann darüber nachzudenken, was seine zukünftige Rolle sein könnte. Angebote, nach Amerika zu gehen, lehnte er ab, er beabsichtigte, weiterhin am Kaiser-Wilhelm-Institut für Physik zu bleiben, falls sich die Möglichkeit dazu böte.

Als er am 3. Januar 1946 entlassen wurde, kam er mit Otto Hahn, von Laue, von Weizsäcker und Wirtz in die britische Besatzungszone nach Göttingen. Die britische Besatzungsmacht war die einzige, die die Fortsetzung der Kaiser-Wilhelm-Gesellschaft bzw. die Neugründung als Max-Planck-Gesellschaft in ihrer Zone erlaubte. In der britischen Besatzungszone kam der Verbindungsoffizier der Militärbehörde für die Wissenschaft, Colonel Bertie Blount, den deutschen Wünschen sehr entgegen. Durch die Vermittlung des im Januar 1946 gegründeten *Deutschen Wissenschaftlichen Rates* mit der britischen Militärregierung gelang es, die *Physikalisch-Technische Reichsanstalt* in Braunschweig und die *Deutsche Physikalische Gesellschaft* in der britischen Zone neu zu gründen. Im Oktober 1946 folgte die Erlaubnis zur Neuerrichtung mehrerer ehemals in Berlin beheimateter Kaiser-Wilhelm-Institute – Physik, physikalische Chemie und medizinische Forschung – auf dem Gelände der früheren Aerodynamischen Versuchsanstalt in Göttingen. Aus der Kaiser-Wilhelm-Gesellschaft wurde im Februar 1948 die neugegründete Max-Planck-Gesellschaft mit Sitz in Göttingen.

Heisenberg sah seine Aufgabe darin, das neue Max-Planck-Institut für Physik wieder zu einem Zentrum der experimentellen und theoretischen physikalischen Forschung zu machen, am Neuaufbau der weitgehend zerstörten Forschungsstrukturen in Deutschland mitzuwirken und die Regierung zu beraten.

Das Institut beschäftigte sich neben der theoretischen Forschung mit Untersuchungen über kosmische Strahlung und der Physik der Elementarteilchen. Während der frühen Nachkriegsjahre entwickelte Heisenberg einen Ansatz zur Theorie der Supraleitung (1946–1948), eine statistische Theorie der Turbulenz (1946–1948) und lieferte Beiträge zur Theorie der Elementarteilchen.

Neben der Leitung seines Institutes und seinen eigenen wissenschaftlichen Arbeiten widmete sich Heisenberg mit großer Energie der Erneuerung der wissenschaftlichen Forschung in Westdeutschland und besonders der Verwirklichung seiner Vorstellungen in der Wissenschaftspolitik. Am 9. März 1949 gründeten die *Max-Planck-Gesellschaft* und die westdeutschen wissenschaftlichen Akademien den *Deutschen Forschungsrat*. Heisenberg wurde Präsident dieses Gremiums aus 15 Wissenschaftlern. Der Forschungsrat wurde von der Bundesregierung mit der Vertretung der deutschen Wissenschaft in internationalen Angelegenheiten beauftragt. Es gelang ihm, die Aufnahme der Bundesrepublik in die *Internationale Union of Scientific Councils* und in die UNESCO zu erreichen. Aus der Vereinigung des Forschungsrates und der von den Bundesländern gegründeten *Notgemeinschaft der Deutschen Wissenschaft* entstand später die *Deutsche Forschungsgemeinschaft* (DFG). Auch hier wurde Heisenberg in das Präsidium gewählt.

Eine der wichtigsten Aufgaben für Heisenberg war es, die internationalen Beziehungen der deutschen Wissenschaftler wiederherzustellen. Er selbst folgte bereits 1947 einer Einladung zu Vorträgen an den britischen Universitäten und besuchte Niels Bohr in Kopenhagen. Bei den Verhandlungen zur Gründung des *Europäischen Forschungszentrums* CERN in Genf ab dem Jahre 1952 leitete Heisenberg die deutsche Delegation, er unterschrieb die Gründungsakte für die Bundesrepublik Deutschland. Als Vorsitzender des *Scientific Policy Committee* des CERN wirkte er an der Planung des Forschungsprogrammes entscheidend mit. Erster Generaldirektor des CERN war Heisenbergs ehemaliger Leipziger Doktorand Felix Bloch.

Heisenberg betrachtete die »Wissenschaft als ein Mittel zur Verständigung zwischen den Völkern«, wie er in einer Rede vor Göttinger Studenten betonte. Auf seine Initiative gründete die Bundesregierung die Alexander von Humboldt-Stiftung, zu deren Präsidenten er am 10. Dezember 1953 von Bundeskanzler Adenauer ernannt wurde. Mehr als 20 Jahre lang setzte er sich als Präsident dafür ein, dass junge Wissenschaftler aus der ganzen Welt an deutschen Forschungsinstituten mit deutschen Kollegen zusammenarbeiten konnten.

Als die Bundesrepublik durch die Pariser Verträge 1955 souverän wurde und in die NATO eintrat, konnte auch die kernphysikalische Forschung wiederaufgenommen werden. Im Oktober 1955 richtete Bundeskanzler Adenauer das Bundesministerium für Atomfragen ein. Heisenberg wurde Vorsitzender des Komitees für Kernphysik in der Atomkommission, er

9.2 Heisenberg – der Regierungsberater

setzte sich für die Errichtung des ersten deutschen Forschungsreaktors in Garching bei München durch Heinz Maier-Leibnitz ein, der im Oktober 1957 in Betrieb genommen wurde.

Seine Befürwortung der friedlichen Nutzung der Kernenergie hinderte ihn aber nicht daran, sich zusammen mit anderen Wissenschaftlern energisch gegen die Pläne von Kanzler Adenauer zu stellen, die Bundeswehr mit taktischen Kernwaffen auszurüsten. Zusammen mit anderen führenden Wissenschaftlern verfasste er eine Erklärung gegen den Besitz und die Entwicklung von Kernwaffen. Diese Erklärung der *Göttinger 18* vom 12. April 1957 trug die Unterschriften der Initiatoren Werner Heisenberg und Carl Friedrich von Weizsäcker und weiterer bedeutender Physiker, darunter Max Born, Walther Gerlach, Otto Hahn und Max von Laue. Dies führte dazu, dass die Regierung die Pläne daraufhin aufgab.

Bei der jährlichen Tagung der Nobelpreisträger in Lindau am Bodensee traf Heisenberg mit seinen Kollegen aus den 1930er Jahren, Max Born, Otto Hahn und Lise Meitner zusammen.

Heisenberg in Lindau 1962 mit (v. l.) Otto Hahn, Lise Meitner und Max Born

Neben all diesen politischen und administrativen Aufgaben widmete sich Heisenberg der Suche nach einer widerspruchsfreien Quantenfeldtheorie der Elementarteilchen. Er hoffte, solch eine Lösung in nichtlinearen Feldgleichungen zu finden. In enger Zusammenarbeit mit Pauli erarbeitete er bis 1958 die »nichtlineare Spinorgleichung«, von der er erwartete, dass sie die Eigenschaften aller Elementarteilchen beschreiben sollte. Die Ableitung von empirischen Konsequenzen aus der »Weltformel« erwies sich aber als schwierig, und als eine konkrete Voraussage durch Experimente widerlegt wurde, war die Theorie gescheitert. Die neueren Entwicklungen durch amerikanische Theoretiker, das Quarkmodell und die Vereinigung der elektromagnetischen und der schwachen Kraft, beurteilte Heisenberg kritisch, obwohl er die dem Quarkmodell zugrunde liegenden Symmetrien kannte und selbst verwendete. Diese Entwicklungen führten zum Durchbruch des heutigen Standardmodells der Elementarteilchenphysik, das durch die Entdeckungen der W- und Z-Bosonen 1984 sowie des Higgs-Teilchens 2012 am CERN glänzend bestätigt wurde. Heisenberg hat diesen Erfolg – auch seiner Theorie – nicht mehr erlebt.

9.3 Die letzte Begegnung 1954

Die beiden Theorien, die Relativitätstheorie und die Quantenmechanik, wurden zur Grundlage der modernen Physik im 20. Jahrhundert. Sie galten und gelten in verschiedenen Bereichen, die Relativitätstheorie bei dem Verständnis des Universums und die Quantenmechanik in der Mikrowelt der Atome, Moleküle und Elementarteilchen. Es ist noch nicht gelungen, die beiden Theorien zusammenzuführen. Noch im März 1955 schrieb Einstein in einer autobiographischen Notiz: »Es erscheint zweifelhaft, ob eine Feldtheorie sowohl die atomistische Struktur der Materie und Strahlung als auch die Quantenphänomene erklären kann.«

Im Herbst 1954 besuchte Heisenberg Einstein in seinem Haus in Princeton. Bei einem langen Gespräch bei Kaffee und Kuchen galt Einsteins ganzes Interesse der Deutung der Quantenmechanik, die ihn immer noch so beunruhigte wie sie es

27 Jahre zuvor in Brüssel getan hatte. Heisenberg sagte, die Quantentheorie mit ihren so befremdenden Paradoxien sei die eigentliche Grundlage der modernen Physik. Eine solche fundamentale Rolle wollte aber Einstein einer statistischen Theorie nicht zubilligen. »Aber Sie können doch nicht glauben, dass Gott würfelt« sagte Einstein vorwurfsvoll zu seinem Gesprächspartner. Er konnte sich nicht damit abfinden, dass der Realitätsvorstellung der klassischen Physik durch die Quantentheorie der Boden entzogen war.

»Die Naturgesetze handeln in der Quantentheorie von der zeitlichen Veränderung des Möglichen und des Wahrscheinlichen. Aber die Entscheidungen, die vom Möglichen zum Wahrscheinlichen führen, können nur noch statistisch registriert, aber nicht mehr vorausgesagt werden, «

sagte Heisenberg dazu.

Die weitere Entwicklung hat dann der Quantenmechanik zum Durchbruch verholfen, weil Experimente zu der von dem irischen Physiker John Bell im CERN entwickelten »Bell'schen Ungleichung« gezeigt haben, dass alternative Theorien nicht bestehen können.

Ein halbes Jahr nach dieser letzten Begegnung der beiden großen Gelehrten starb Einstein im April 1955 in Princeton im Alter von 76 Jahren. Bei der Trauerfeier im engsten Kreis sprach einer der Teilnehmer, Otto Nathan, einen Vers aus dem Epilog zu Schillers *Glocke*, den Goethe nach Schillers Tod geschrieben hatte:

Denn er war unser!
Mag das stolze Wort
Den lauten Schmerz gewaltig übertönen!
[...] Indessen schritt sein Geist gewaltig fort
Ins Ewige des Wahren, Guten, Schönen.

Werner Heisenberg starb im Jahre 1976, er wurde 75 Jahre alt.

Die Erkenntnisse der beiden Genies werden die Jahrhunderte überdauern.

10 Glossar

Alphateilchen	Kern des Helium-Atoms, bestehend aus zwei Protonen und zwei Neutronen
Atom	kleinster Bestandteil eines chemischen Elements; besteht aus dem positiv geladenen Atomkern und der negativ geladenen Atomhülle
Atomkern	positiv geladenes Zentrum des Atoms, bestehend aus positiv geladenen Protonen und neutralen Neutronen
Atomhülle	negativ geladene Hülle des Atoms, bestehend aus Elektronen
Becquerel, Alexandre Edmond	französischer Physiker (1820–1891), Entdecker des photoelektrischen Effekts
Betazerfall	radioaktive Umwandlung eines Atomkerns mit Emission eines Elektrons und eines Antineutrinos
Betateilchen	historische Bezeichnung für das Elektron
Bethe, Hans Albrecht	deutsch-amerikanischer Physiker, (1906–2005) studierte in Frankfurt und promovierte in München bei Sommerfeld, in Stuttgart entwickelte er eine Theorie des Durchgangs schneller Korpuskularstrahlen durch Materie. Emigration nach Amerika an die Cornell Universität, 1938 Berechnung des Kohlenstoff-Fusions-Zyklus (CNO-Zyklus) in der Sonne, Direktor der Theorie-Abteilung des Manhattan-Projekts in Los Alamos, 1950 Mitarbeit an der Wasserstoffbombe, Nobelpreis 1967 für den CNO-Zyklus
Bloch, Felix	Schweizer Physiker (1905–1983), erster Doktorand und Assistent von Heisenberg in Leipzig bis 1933, Begründer der Quantenphysik des Festkörpers durch das Bändermodell, 1939 US-Staatsbürger, 1942–1943 Mitarbeit am amerikanischen Bombenprojekt, 1954 erster Generaldirektor des Europäischen Zentrums für Kernforschung CERN in Genf, Nobelpreis 1952
Bohr, Niels	dänischer Physiker (1885–1962), Erfinder eines Atommodells (1912) zur Erklärung des Periodensystems der Elemente, Anreger und Lehrer von Heisenberg und mit

10 Glossar

	ihm Begründer der Kopenhagener Interpretation der Quantenmechanik, Nobelpreis 1922
Bohr'sches Atommodell	anschauliche Vorstellung des Atoms als Planetenmodell, bei dem negativ geladene Elektronen um den positiv geladenen Kern kreisen
Born, Max	deutscher Physiker (1882–1970), Lehrer von Heisenberg, entwickelte die Matrixdarstellung und die Wahrscheinlichkeitsinterpretation der Quantenmechanik, Nobelpreis 1954
De Broglie, Louis	französischer Physiker, postulierte die Wellennatur des Elektrons, Nobelpreis 1929
Curie, Marie geb. Sklodowska,	polnisch-französische Physikerin (1867–1934), Entdeckerin der Radioaktivität, Nobelpreis Physik 1903, Nobelpreis Chemie 1910
Diebner, Kurt	deutscher Physiker (1905–1981), Leiter der Arbeitsgruppe des Heereswaffenamtes innerhalb des Uranvereins zum Bau eines Testreaktors in Gottow
Dirac, Paul Adrien Maurice	englischer Physiker (1902–1984), entwickelte nach der Lektüre von Heisenbergs Arbeit eine alternative Formulierung der Quantenmechanik und zeigte die Äquivalenz der Matrizenmechanik Heisenbergs mit der Wellenmechanik Schrödingers, Nobelpreis 1933
DPG	Deutsche Physikalische Gesellschaft, Bad Honnef, größte wissenschaftliche Gesellschaft der Welt mit 50.000 Mitgliedern
Ehrenfest, Paul	österreichischer Physiker (1880–1933), Freund von Einstein, arbeitete in Göttingen und St. Petersburg an der statistischen Mechanik, Professor in Leiden, litt an Depressionen und beging Suizid
Eidgenössisches Polytechnikum Zürich	von der Schweizer Bundesregierung finanzierte Hochschule, gegründet 1855, Promotionsrecht ab 1908, Umbenennung in Eidgenössische Technische Hochschule (ETH) 1911
Einstein, Albert	Physiker, (geb. 1879 in Ulm – gest. 1955 in Princeton, USA), Entdecker der Relativitätstheorie und der Quantennatur des Lichts, 1902–1909 Beamter am Patentamt Bern, Professor Universität Zürich 1909–1911, Deutsche Universität Prag 1911–1912, ETH Zürich 1912–1914, Preußische Akademie 1914–1933, 1934–1955 Institute of Advanced Studies Princeton, Nobelpreis 1922
Elektrodynamik	Theorie der elektromagnetischen Kräfte bewegter Ladungen und der Ausbreitung der Lichtwellen
Elektron	negativ geladener Bestandteil des Atoms

Elementarteilchen	Grundbaustein der Materie, nicht teilbar
Energie	Universell erhaltene Größe in mechanischen Systemen (Arbeit, Einheit Newton Meter), in thermodynamischen Systemen (Wärme, Einheit Joule) und in elektromagnetischen Systemen (Einheit Wattsekunde, Kilowattstunde)
eV	Elektronvolt: Energie, die ein Elektron beim Durchlaufen einer elektrischen Spannung von 1 Volt gewinnt
Fermi, Enrico	italienischer Physiker (1901–1954), Theoretiker und Experimentalphysiker, arbeitete in Pisa, Göttingen, Florenz und Rom über Anwendungen der Quantenmechanik auf Festkörper und die Quantenstatistik, formulierte die Theorie des radioaktiven Betazerfalls und prägte den Namen Neutrino für das von Pauli postulierte neutrale Teilchen im Betazerfall. 1938 emigrierte er wegen der Gefahr für seine jüdische Frau durch die antisemitischen Gesetze der Mussolini-Regierung in die USA. 1942 baute er in Chicago mit Szilard einen Kernreaktor mit Uran und Graphit als Moderator und setzte die erste selbsterhaltende Kettenreaktion in Gang. Er war wesentlich an dem Bau der amerikanischen Atombomben beteiligt, Nobelpreis 1938
Fusion	Verschmelzung von Wasserstoff zu Helium bei hohen Temperaturen unter Energieabgabe, Energiequelle der Sonne
Gammastrahlung	energiereiche elektromagnetische Strahlung (harte Röntgenstrahlung), entsteht beim Zerfall von angeregten Atomkernen
Goudsmit, Samuel Abraham	Niederländisch-amerikanischer Physiker (1902–1978), Entdecker (mit George Uhlenbeck) des Elektronenspins, ab 1927 Professor in Michigan, im Weltkrieg am Radiation Laboratory des MIT, 1945 Leiter der US-Geheimdienstmission Alsos zur Suche nach dem deutschen Uranprojekt
Graphit	kristallisierte Form von reinem Kohlenstoff, weich und schwarzgrau, verwendet in Bleistiften, Elektroden und als Moderator in Kernreaktoren
Gravitation	Schwerkraft, anziehende Kraft zwischen Massen; Grundlage der Planetenbewegung um die Sonne
Gravitationswellen	von veränderlichen Massen ausgesandte Wellen, die sich mit Lichtgeschwindigkeit ausbreiten und den Raum im Bereich der Welle verkürzen oder verlängern
GW	Gravitational Wave, Gravitationswelle

10 Glossar

Hahn, Otto	deutscher Chemiker (1879–1968), entdeckte 1938 mit Fritz Straßmann durch chemische Analyse die Spaltung des schweren Elements Uran in zwei Bruchstücke; nach dem Zweiten Weltkrieg Präsident der Max-Planck-Gesellschaft, Nobelpreis für Chemie 1944
Helmholtz, Hermann von	deutscher Physiker (1821–1894), formulierte den Satz von der Erhaltung der Energie
Hume, David	schottischer Philosoph und Historiker (1711–1776), Vertreter des Empirismus
Isotope	verschiedenartige Atome des gleichen chemischen Elements, die sich nur in ihrer Masse unterscheiden
Jordan, Pascual	deutscher Physiker (1902–1980), Mitautor der berühmten Dreimännerarbeit mit Born und Heisenberg über die mathematische Formulierung der Quantenmechanik 1925
Kepler, Johannes	deutscher Physiker und Astronom (1571–1630), Hofastronom des Kaisers Rudolf II, entdeckte die Ellipsenbahnen der Planeten und Gesetze der Optik
Kernenergie	bei der Spaltung eines Urankerns freiwerdende Wärmeenergie
Kernkraftwerk	Anlage zur Gewinnung elektrischer Energie aus der Uranspaltung
Kilo-	Vorsilbe für Tausend (k)
Kohle	in geologischen Zeiträumen unter Luftabschluss aus organischer Materie entstandener Stoff
Kohlenstoff	Element mit sechs Protonen und sechs Neutronen im Atomkern
Laue, Max von	deutscher Physiker (1879–1960), entdeckte 1912 die Beugung von Röntgenstrahlen an Kristallen, Nobelpreis 1914
Lenard, Philipp	deutscher Physiker (1862–1947) entdeckte die Kathodenstrahlen und untersuchte den photoelektrischen Effekt, Nobelpreis 1905, Professor in Heidelberg, bekämpfte die Relativitätstheorie als unanschaulich und jüdisch, propagierte eine »deutsche Physik«
Lorentz, Hendrik Antoon	niederländischer Physiker (1853–1928), Vorläufer der Relativitätstheorie, Erfinder der Lorentz-Transformationen, Nobelpreis 1902
Mach, Ernst	österreichischer Physiker und Philosoph (1838–1901) Mitbegründer des Positivismus
Matrix	quadratische oder rechteckige Anordnung von Zahlen, für die die mathematischen Rechenregeln einer Gruppe gelten

Maxwell, James Clerk	Schottischer Physiker (1831–1879), Erfinder der Gesetze der Elektrodynamik 1864
Mega-	Vorsilbe für Million (M)
MeV	Mega-Elektron-Volt: Energieeinheit
Mikro-	Vorsilbe für Millionstel (μ)
Milli-	Vorsilbe für Tausendstel (m)
Nano-	Vorsilbe für Milliardstel
Neutron	elektrisch neutraler Bestandteil des Atomkerns, im Atomkern stabil, als freies Teilchen instabil
Nukleon	Bestandteil des Atomkerns, Proton oder Neutron
Photon	Teilchen des Lichts, Lichtquant
Photovoltaik	Erzeugung elektrischer Spannung direkt aus dem Sonnenlicht mit Solarzellen aus Silizium oder Gallium-Arsenid
Planck, Max	deutscher Physiker (1858–1947), erklärte die Farben (Frequenzen) der Strahlung eines heißen schwarzen Körpers durch das Postulat, dass Energie nur in kleinsten Paketen ausgetauscht werden kann, den Quanten; führte das Wirkungsquantum h ein, Nobelpreis 1918
Pauli, Wolfgang	österreichischer Physiker (1900–1958), Studienfreund von Heisenberg, formulierte das Ausschließungsprinzip für Elektronen im Atom, Nobelpreis 1945
Proton	stabiler, positiv geladener Baustein des Atomkerns
Quantenmechanik	Theorie der Prozesse im atomaren Bereich, zuerst 1925 von Heisenberg als Matrixmechanik, dann 1926 von Schrödinger als Wellenmechanik formuliert
Quantensprung	Übergang eines Atoms aus einem Zustand mit bestimmter Energie in einen anderen Zustand unter Aussendung oder Aufnahme (Absorption) eines Lichtquants
Quantenzahl	die Quantenzustände eines Elektrons im Atom werden im Bohr'schen Modell durch drei natürliche Zahlen geordnet, die der Energie und dem Drehimpuls des Elektrons entsprechen; eine vierte halbzahlige Quantenzahl entspricht dem Eigendrehimpuls des Elektrons
Radioaktivität	Umwandlung eines Atomkerns mit Aussendung von Strahlung oder geladenen Elementarteilchen
Radium	instabiles Element der Ordnungszahl 88, das beim Zerfall radioaktive Strahlung aussendet
Röntgenstrahlung	energiereiche unsichtbare Lichtstrahlung, die das Körpergewebe durchdringt und zur Sichtbarmachung von Knochen und der Lunge dient, 1895 von Conrad Röntgen in Würzburg entdeckt
Reaktor	Anlage zur Gewinnung von Wärme und elektrischer Energie aus der Kernspaltung

10 Glossar

Schrödinger, Erwin	österreichischer Physiker (1887–1961), erfand 1926 nach Heisenberg eine zweite Form der Quantenmechanik, die Wellenmechanik; die Schrödinger-Gleichung ist leichter handhabbar als die Matrizenmechanik, Nobelpreis 1933
Siemens, Werner von	deutscher Physiker und Ingenieur (1816–1892), Erfinder des Generators,
Sommerfeld, Arnold	deutscher Physiker (1868–1951), erweiterte und verbesserte das Bohr'sche Atommodell wesentlich, Lehrer von Heisenberg und Pauli
Szilard, Leo	ungarischer Physiker (1898–1964), studierte ab 1919 in Berlin und promovierte 1922 über ein thermodynamisches Thema.1933 Emigration nach England, Idee der Kettenreaktion bei Kernumwandlungen; 1938 nach Amerika, Bau des ersten Uranreaktors mit Fermi und erste selbsterhaltende Kettenreaktion, treibende Kraft hinter dem amerikanischen Bombenprojekt, überredete 1939 Einstein zur Unterschrift unter den Brief an Roosevelt zum Bau einer Atombombe, versuchte 1945 vergeblich den Abwurf der Bomben über Japan zu verhindern, indem er mit 70 anderen Wissenschaftlern den Franck-Report unterschrieb
Spektrallinie	monochromatisches Licht einer Farbe, das beim Quantensprung in einem Atom entsteht
Spin	Eigendrehimpuls eines Elementarteilchens, der sich im Magnetfeld in zwei Richtungen einstellen kann
Teller, Eduard	ungarischer Physiker (1908–2003), studierte an der TH Karlsruhe und promovierte bei Heisenberg in Leipzig, emigrierte 1933 über England in die USA, arbeitete in Los Alamos an der Atombombe und trieb nach 1950 die Entwicklung der Wasserstoffbombe voran
Unbestimmtheit	im atomaren Bereich können Ort und Geschwindigkeit eines Teilchens nicht gleichzeitig exakt bestimmt werden; das Produkt der Unbestimmtheiten der beiden Größen wird nach Heisenberg durch das Planck'sche Wirkungsquantum begrenzt
Uran	schweres Element mit 92 Protonen und 92 Elektronen in einem Atom; das Element mit 146 Neutronen im Kern (Uran 238) ist stabil; das Element mit 143 Neutronen (Uran-235) kann durch langsame Neutronen gespalten werden und ist der Brennstoff der Kernreaktoren
Volt	Einheit der elektrischen Spannung

Volta, Alessandro	italienischer Physiker (1745–1827)
Watt	Einheit der elektrischen Leistung: eine Spannungsquelle, die einen Strom von 1 Ampere bei 1 Volt Spannung liefert, leistet 1 Watt; 1000 Watt entsprechen 1,36 Pferdestärken (PS)
Watt, James	englischer Physiker (1736–1819), Erfinder der Dampfmaschine
Weizsäcker, Carl-Friedrich von	deutscher Philosoph und Physiker (1912–2007) studierte bei Heisenberg und Friedrich Hund, erklärte mit Hans Bethe den Kohlenstoff-Fusionszyklus in der Sonne, arbeitete 1940 bis 1942 theoretisch am deutschen Uranprojekt, ging 1942 an die Reichsuniversität Straßburg im besetzten Frankreich, nach 1945 Hinwendung zur Philosophie und Politik
Wien, Wilhelm	deutscher Physiker (1864–1928), Erfinder des Wien'schen Verschiebungsgesetzes der Wärmestrahlung, Nobelpreis 1911
Wirkung	Produkt aus Arbeit (Energie) und Zeit
Wirkungsquantum	kleinste Einheit von Wirkung, von Max Planck Quantum h genannt
Wirkungsquantum $\hbar$	Symbol für den Ausdruck $h/2\pi$
Zeeman-Effekt	Aufspaltung von Spektrallinien eines Atoms im Magnetfeld
Zeeman, Pieter	holländischer Physiker (1865–1943), entdeckte die Aufspaltung von Spektrallinien leuchtender Materie im äußeren Magnetfeld, Nobelpreis 1902

11 Literaturangaben

Literatur zu Einstein

Albert Einstein, Aus meinen späten Jahren, Deutsche Verlagsanstalt, Stuttgart 1984.
Albert Einstein, Mileva Marić, Am Sonntag küss ich Dich mündlich, Die Liebesbriefe 1897–1903, Piper Verlag München Zürich 1998
Philipp Frank, Albert Einstein, Sein Leben und seine Zeit, Mit einem Vorwort von Albert Einstein 1942, Paul List Verlag München 1949
Siegfried Grundmann, Einsteins Akte, Wissenschaft und Politik – Einsteins Berliner Zeit, Springer Berlin-Heidelberg 2004
Armin Hermann, Einstein, Piper München 1994
Roger Highfield und Paul Carter, Die geheimen Leben des Albert Einstein, Marix Verlag Wiesbaden 2004
Max Jammer, Einstein and Religion, Princeton University Press 1999.
Robert Jungk, Heller als tausend Sonnen, Rowohlt Verlag, Hamburg 1956
Abraham Pais, Subtle is the Lord, The Science and the Life of Albert Einstein, Oxford University Press, 1982
Richard Rhodes, The Making of the Atomic Bomb, Simon and Schuster, New York, 1986
Jamie Sayen, Einstein in America, Crown Publishers, New York 1985
Alexis Schwarzenbach, Das verschmähte Genie, Albert Einstein und die Schweiz, DVA München 2005

Literatur zu Heisenberg

Barbara Blum-Heisenberg, Werner Heisenberg und die Musik – ein anderer Zugang zu meinem Vater, Privatschrift.
Gerd W. Buschhorn und Helmut Rechenberg, Werner Heisenberg auf Helgoland, Max-Planck-Institut für Physik (Werner-Heisenberg-Institut), München 2000.
Cathryn Carson, Heisenberg in the Atomic Age (Cambridge University Press, 2010)
David C. Cassidy, Werner Heisenberg. Leben und Werk (Spektrum Verlag, 1995)

David C. Cassidy, Beyond Uncertainty (Bellevue Literary Press, 2009)
Jérome Ferrari, Das Prinzip – wie Werner Heisenberg uns zeigte, dass uns mit dem Schönen die Welt verloren geht, Secession Verlag Zürich 2015
Ernst Peter Fischer, Werner Heisenberg – ein Wanderer zwischen zwei Welten, Springer Heidelberg 2015
Ernst Peter Fischer, Werner Heisenberg – Das selbstvergessene Genie, München 2001
Klaus Gottstein, Heisenberg and the German Uranium Project (1939–1945). Myths and Facts (Juni 2016), http://www.heisenberg-gesellschaft.de
Samuel A. Goudsmit, Alsos, American Institute of Physics, Woodbury, New York 1996
Elisabeth Heisenberg, Das politische Leben eines Unpolitischen, Piper München 1983
Werner Heisenberg, Der Teil und das Ganze, Gespräche im Umkreis der Atomphysik, Piper München 1969
Werner Heisenberg, Schritte über Grenzen, Gesammelte Reden und Aufsätze, Piper München 1971
Werner Heisenberg, Tradition in der Wissenschaft, Piper München 1977
Werner Heisenberg, Liebe Eltern! Briefe aus kritischer Zeit 1918 bis 1945, Hg. Anna Maria Hirsch-Heisenberg, Langen Müller München 2003
Werner Heisenberg, Elisabeth Heisenberg, Meine liebe Li, Der Briefwechsel 1937–1946, Hg. Anna Maria Hirsch-Heisenberg, Residenz Verlag St. Pölten-Salzburg 2011
Werner Heisenberg, Gutachten- und Prüfungsprotokolle 1929–1942, herausgegeben von H. Rechenberg und G. Wiemers, ERS Verlag Berlin 2001
Armin Hermann, Werner Heisenberg (rororo, Hamburg 1976)
Helmut Rechenberg, Werner Heisenberg – Die Sprache der Atome, Band 1 und 2 (Springer, Heidelberg 2010)
Gregor Schiemann, Werner Heisenberg (C.H.Beck, München 2008)
Richard von Schirach, Die Nacht der Physiker, Berenberg Verlag Berlin 2001
Werner Heisenberg, Gesammelte Werke, herausgegeben von Walter Blum, Hans-Peter Dürr und Helmut Rechenberg: Abt. A: Wissenschaftliche Originalarbeiten, Abt. B: Wissenschaftliche Übersichtsartikel, Vorträge, Bücher, Springer Verlag Berlin und Heidelberg (1984 ff.)
Abt. C: Allgemeinverständliche Schriften, C I bis C V, Piper Verlag München (1984 ff.)

12 Register

12.1 Sachregister

A

Akademie Olympia 25 f., 49, 51, 62
Äther 34, 56–58, 60, 118, 175
Atombombe 157–159, 166 f., 172, 200

B

Bund Neues Vaterland 146

C

Caputh 184
CERN 202, 204 f.
Computer 7, 134 f.

D

Determinismus 94, 107 f.
Deutsche Liga für Menschenrechte 146
Deutsche Physikalische Gesellschaft 201

E

Elektrodynamik 13, 49–51, 56, 59 f., 90, 117, 175, 198
Energie 16, 43, 50, 52–54, 63 f., 82, 84 f., 88 f., 94–96, 111, 115–117, 120, 124, 135–137, 153, 161, 163, 167 f., 194, 201

F

Franck-Report 146, 158

G

Gasdiffusionsanlagen 156
Gymnasium 14, 16, 18 f., 22, 28 f., 32, 34, 48, 51, 139, 144, 187

H

Helium 42–44, 63, 84, 116, 136

I

Isotop 111, 156, 162, 167
Israel 187

K

Kaiser-Wilhelm-Gesellschaft 70, 166, 168, 201
Kaiser-Wilhelm-Institut 71, 154, 162 f., 165, 168, 201

Kern
- -energie 158, 203
- -fusion 63, 116

L

Laser 118–120, 135–137
Lichtablenkung 7, 74, 77 f., 81, 110, 141

M

Magnet-Resonanz-Tomographie (MRT) 137
Moderator
- Graphit 155, 163–165
- Schweres Wasser 165, 170

Musik 7, 16 f., 28, 32, 35, 48, 127, 171, 184–186, 191–195

N

Neutrinos 124, 198
Neutronen 64, 116, 137, 150, 155, 163–165, 170, 198

P

Patentamt 21, 23–27, 49, 51, 65, 67, 73
Pazifismus 146, 149
Princeton 8, 143–145, 184, 189 f., 197, 199, 204 f.

R

Reaktor 150, 155–157, 164–167, 169–172, 203
Relativitätstheorie 7, 36, 38 f., 41, 43 f., 46, 57, 59, 61, 63–65, 69, 79, 82, 92, 109 f., 117, 126 f., 143, 197, 204
- Allgemeine 38 f., 43 f., 71–73, 75, 77, 81–83, 110, 112, 115, 117, 121, 141, 146, 181
- Spezielle 38 f., 59, 62 f., 73, 76

Religion 14, 16, 18, 48, 68, 187, 189, 191 f., 195
Rote Hilfe 147

S

Silizium 54, 134 f.
Solarzelle 54
Sonnenfinsternis 69, 75, 77 f.
Spaltung 40, 45, 150, 161, 163 f., 167
Supernova 115 f.
Supraleitung 137, 201

T

Thermodynamik 49
Transistor 54, 135

U

Uran 64, 150, 153–157, 160–169, 171 f., 185 f., 200
- -Hexaflourid 156, 162
- -reaktor 168–170

W

Wettrüsten 158 f.

Z

Zeitdilatation 61
Zentrifuge 156
Zionismus 69, 187

12.2 Personenregister

A

Adamson 155
Adenauer, Konrad 202 f.
Aristoteles 34, 130

B

Baade, Walter 116
Bach, Johann Sebstian 195 f.
Bagge, Erich 162, 168, 172
Bardeen, John 54, 137
Becquerel, Alexandre Edmond 52
Becquerel, Antoine César 52
Beethoven, Ludwig van 127, 185, 193–195
Bell, John 205
Bergmann, Hugo 68
Besso, Michele 51, 72, 140, 176, 180–182, 184
Bethe, Hans A. 63, 158
Billing, Heinz 119
Bloch, Felix 123, 125, 133, 202
Bohr, Christian 125
Bohr, Niels 42–47, 50 f., 83–86, 89–91, 94 f., 98–100, 103, 107–109, 121, 125, 129 f., 133, 165 f., 172, 185, 190, 195, 202
Bonhoeffer, Carl-Friedrich 200
Bopp, Fritz 168
Born, Hedwig 184
Born, Max 40 f., 43 f., 46, 50, 86, 89–91, 96, 98, 104, 106–108, 140, 147, 149, 157, 159, 184, 194 f., 203
Bount, Bertie 201
Brahe, Tycho 69
Brattain, Walter 54
Briggs, Lyman 153, 155
Brod, Max 68 f.

Broglie, Luis de 95, 107
Bush, Vannevar 156

C

Chaplin, Charlie 182
Compton, Arthur 158
Conant, James B. 156
Cooper, Leon Neil 137
Corinth, Lovis 160
Courant, Richard 40, 42 f.
Curie, Marie 172

D

Danzmann, Karsten 119
Debye, Peter 40, 96, 121 f., 161, 163, 168
Demokrit 130
Diebner, Kurt 161–163, 166, 168, 170–172
Dirac, Paul Adrien Maurice 84, 88, 95 f., 108, 129
Doxerl *siehe* Einstein, Mileva 174
Dukas, Helen 159, 199

E

Eddington, Arthur 77 f.
Ehrenfest, Paul 109, 180 f., 183
Einstein, Albert 7–27, 33, 36, 39, 41, 43–45, 48 f., 51–55, 57–79, 81, 83, 85, 90–95, 97, 100, 103 f., 106, 108–117, 120 f., 127–129, 137, 139–147, 149–151, 153–155, 157–159, 165, 172–184, 187–189, 191, 193 f., 197–199, 204 f.
Einstein, Eduard 25, 178, 182, 200

Einstein, Elsa 72 f., 77, 142 f., 149, 178–184, 199
Einstein, Familie 9, 13, 15–17
Einstein, Hans Albert 25 f., 49, 51, 178, 182, 200
Einstein, Helene 10
Einstein, Hermann 10, 12 f., 17, 25, 72, 178
Einstein, Ilse 180, 182
Einstein, Jakob 12, 16 f.
Einstein, Margot 180, 182–184
Einstein, Mileva 21, 24–26, 49, 51, 57, 72 f., 76, 140, 174–176, 178–180, 182, 199
Einstein, Pauline 10 f., 13, 24, 174, 179, 193
Einstein, Rudolf 72
Einstein, Siegbert 9
Einstein-Winteler, Maja 20, 175, 199
Engels, Friedrich 66

F

Fermi, Enrico 150, 153, 155 f., 158, 164–166, 169, 198
Finlay-Freundlich, Erwin 111
FitzGerald, George Francis 58, 61
Forrer, Ludwig 70
Fowler, Ralph 95
Franck, James 44, 46, 92, 97, 106, 146, 157 f., 211
Frank, Philipp 8, 70
Franz Joseph I. 68
Friedmann, Alexander 113
Frisch, Otto 150
Fulton, Robert 152

G

Galilei, Galileo 58
Gavan, Lucien 70
Genzel, Reinhard 82, 117
Gerlach, Walther 172

Gödel, Kurt 199
Goldstein, Herbert S. 187
Goudsmit, Samuel A. 171
Graf Arco 146
Grossmann, Marcel 23, 65, 70, 76, 174
Groves, Leslie 156
Gutkind, Eric 189

H

Haber, Fritz 143
Habicht, Conrad 25, 51 f.
Hahn, Otto 64, 150, 166, 172, 201, 203
Hanle Wilhelm 46
Harteck, Paul 162, 166, 170, 172
Heisenberg, Anna Maria 185
Heisenberg, Annie 29 f.
Heisenberg, August 28 f.
Heisenberg, Elisabeth 169
Heisenberg, Erwin 29
Heisenberg, Familie 30
Heisenberg, Jochen 185
Heisenberg, Maria 128
Heisenberg, Martin 185
Heisenberg, Verena 185
Heisenberg, Werner 7 f., 28 f., 33–51, 83 f., 86, 88–100, 102–104, 106–110, 121–125, 127–130, 133 f., 143, 150, 160–169, 171 f., 184–186, 188, 190–192, 194–196, 198, 200–205
Heisenberg, Wolfgang 128, 185
Helmholtz, Hermann von 56
Hertz, Gustav 162, 175
Hertz, Heinrich 52
Hilbert, David 43 f.
Hindenburg, Paul von 143
Hirschfeld, Magnus 146
Hitler, Adolf 126, 143, 160, 167, 169
Hoover 155
Hubble, Edwin 81 f., 113–115

Humason, Milton 81
Humboldt, Wilhelm von 71
Hume, David 25
Hund, Friedrich 90
Hurwitz, Emanuel 176

J

Jordan, Pascual 90 f., 96, 98, 104
Jung, Carl Gustav 159
Jungk, Robert 151

K

Kafka, Franz 68
Kammerlin Onnes, Heike 22
Kant, Immanuel 25 f.
Kepler, Johannes 69, 79, 130
Klein, Oskar 103
Klingler, Karl 195
Kollwitz, Käthe 146 f.
Koppel, Leopold 71
Korsching, Horst 168, 172
Kronig, Ralf 86, 94

L

Lampa, Anton 68
Laporte, Otto 160
Laue, Max von 11, 41, 64, 92, 126, 143, 172, 201
Lawrence, Ernest 158
Leipart, Theodor 148
Lenard, Philipp 41, 52 f., 126, 143, 174, 176
Lenin 66, 147
Levi-Civitá, Tullio 75
Lindemann, Ferdinand von 36 f.
Lorentz, Hendrik A. 58 f., 61 f., 106 f.
Lott, Friedrich Karl 144
Lott, Rainer 144
Löwenthal, Max 72

M

Mach, Ernst 25 f., 66, 68, 93
Maier-Leibnitz, Heinz 203
Majorana, Ettore 124 f.
Mann, Heinrich 146 f.
Marić, Marta Lieserl 23, 25, 178
Marić, Mileva 20–23, 173–177
Marx, Karl 66
Marx, Wilhelm, Reichskanzler 147
Maxwell, James 12, 56, 175
Meitner, Lise 150, 203
Mendelsohn, Erich 111
Michelson, Albert 56
Milch, Erhard 167 f.
Millikan, Robert Andrews 54, 140
Minkowski, Hermann 43
Mozart, Wolfgang Amadeus 17, 193–196
Mühsam, Erich 147

N

Napoleon Bonaparte 152
Nathan, Otto 199, 205
Nernst, Walter 140, 143, 179
Neupärtl, Josef 144
Newton, Isaac 79, 130
Nietzsche, Friedrich 25

O

Oppenheimer, Robert 156, 158
Ostwald, Wilhelm 22, 176

P

Pash, Boris T. 171 f.
Pauli, Wolfgang 8, 38–41, 43 f., 46 f., 50 f., 85, 89–91, 94 f., 97 f., 100, 102, 122, 124, 127,

129, 160 f., 184, 190 f., 198, 204, 208
Penzias, Arno   82
Piatigorsky, Gregor   194
Pick, Georg   75
Pieck, Wilhelm   147
Planck, Max   53, 64 f., 70, 72, 76, 129, 140, 143, 179, 198
Podolsky, Boris   129
Pohl, Robert   44
Poincaré, Henri   25, 59, 61 f.
Pound, Robert   111 f.

R

Radek, Karl   147
Repka, Glen   111 f.
Ricci-Curbastro, Gregorio   75
Riecke, Eduard   176
Riemann, Bernhard   43, 75
Romain, Rolland   149
Roosevelt, Franklin Delano   151–153, 155, 157, 159, 165
Rosen, Nathan   129
Rosenberg, Alfred   127
Rote Hilfe   147
Rothblat, Joseph   159
Rueß, Lehrer   15
Rutherford, Ernest   46

S

Sachs, Alexander   151–153, 155
Sauerbruch, Ferdinand   169
Scherrer, Paul   122, 161
Schmidt, Maarten   116
Schopenhauer, Arthur   25, 174, 182
Schrieffer, John Robert   137
Schrödinger, Ernst   84, 95–99, 104, 106 f., 129 f., 198
Schubert, Franz   186, 193
Schulmann, Robert   177
Schumann, Robert   193

Schwarzschild, Karl   116 f., 181
Seelig, Carl   62, 200
Shockley, William   54
Sitter, Willem de   113
Slater, John   45, 85
Solovine, Maurice   25, 51
Sommerfeld, Arnold   36 f., 39–44, 50, 83, 97, 141, 169, 184
Speer, Albert   167 f.
Spohr, Louis   194
Stendhal   186
Stolper, Gustav   151
Storm, Theodor   186
Straßmann, Fritz   150, 161
Szilard, Leo   150 f., 153, 155, 159, 208

T

Teller, Eduard   123, 150, 155, 158
Thälmann, Ernst   147
Truman, Harry S.   157 f.

V

Vögler, Albert   166 f.
Volta, Allessandro   104

W

Weber, Heinrich Friedrich   20–22, 49, 176
Weber, Joseph   118
Wecklein, Anna   29
Weiss, Rainer   118
Weizsäcker, Adelheid von   185
Weizsäcker, Carl-Friedrich von   63, 123, 125, 154, 166–168, 172, 185, 201, 203
Wels, Otto   147
Wertheimer, Max   140, 146
Weyl, Hermann   36 f., 43, 122
Wien, Willy   40 f., 57, 97, 175

Wigner, Eugene 150, 155
Wilson, Robert Woodrow 82
Winteler, Jost 19, 22
Winteler, Marie 20, 173, 175
Wirtz, Karl 162, 166, 168, 172, 201

Zeising, August 29, 194
Zel'dovich, Boris 117
Zetkin, Clara 147
Zsygmnondy, Denes 195
Zweig, Stefan 149
Zwicky, Fritz 116

Z

Zangger, Heinrich 70, 140

Bildnachweis

Archiv des Verfassers: 10, 14, 148, 188
Bildarchiv Preußischer Kulturbesitz, Berlin (BPK): 12, 15; 21, 24, 26, 66, 81 (bpk/adhoc-photos); 141, 142, 179, 183, 199 (bpk / Fred Stein)
B. Blum-Heisenberg, Chevry, Frankreich: 31, 32, 37, 45, 87, 101, 102, 122, 124, 126, 128, 203
CERN, Genf: 38, 105, 107, 131, 132
LIGO Collaboration, Caltech, B. Barish: 121
P. Schmüser, Hamburg: 133
Wikimedia Commons: 11, 80, 138, 157

Klaus Fischer

Galileo Galilei
Biographie seines Denkens

2015. 279 Seiten
Kart. € 26,99
ISBN 978-3-17-021301-2

Urban-Taschenbücher,
Band 733

Galileo Galilei ist eine Schlüsselfigur der wissenschaftlichen Revolution der Neuzeit. Sein Erfindergeist und Entdeckerdrang sind weltberühmt, die Auseinandersetzung mit der Kirche bestimmt bis heute das Bild Galileis in der Öffentlichkeit. Der Autor legt eine umfassende Biographie über Galileis Arbeit und Werk vor, die die bisherigen Forschungsergebnisse zusammenfasst und neu bewertet. Auf Anekdoten und Lebensgeschichten wird dabei weitgehend verzichtet. Herausgearbeitet wird die Rolle Galileis in der Umwälzung des Weltbildes im 17. Jahrhundert sowie seine Bedeutung für die Wissenschaft seiner Zeit. Die fundierte Biographie befreit das Bild Galileis von alten und neuen Mythen und präsentiert ihn als das, was er war, ein überragender Entdecker und Erfinder der frühen Neuzeit. Das Buch will Studenten und gebildeten Laien das kontroverse und konfliktreiche Leben und Wirken Galileis in einer klaren, verständlichen und unprätentiösen Sprache vorstellen.

Professor Dr. Klaus Fischer lehrt Wissenschaftstheorie und Wissenschaftsgeschichte an der Universität Trier.

W. Kohlhammer GmbH
70549 Stuttgart

Kohlhammer

Guido Thiemeyer

Die Geschichte der Bundesrepublik Deutschland

Zwischen Westbindung und europäischer Hegemonie

2016. 138 Seiten
Kart. € 20,-
ISBN 978-3-17-023254-9

Problemgeschichte der Gegenwart

Der deutsche Nationalstaat war seit seiner Gründung 1871 eingebunden in ein dichtes Netz von transnationalen Verflechtungen. Dies gilt auch und in besonderem Maße für die Bundesrepublik Deutschland. Dieses Buch präsentiert die Geschichte der zweiten deutschen Republik in ihren inter- und transnationalen Verflechtungen. Eine besondere Rolle spielte hierbei die Integration des westdeutschen Staates in die supranationalen europäischen Gemeinschaften seit 1950 in doppelter Hinsicht: Zum einen trieb die Bundesregierung diese Integration aktiv voran, zum anderen wurden die deutsche Politik, Wirtschaft und Gesellschaft in starkem Maße von den europäischen Strukturen geprägt. Im Zentrum der Darstellung stehen diese Prozesse der Europäisierung. Gleichwohl wird auch deutlich, dass von einem „Ende des Nationalstaates" keine Rede sein kann. Charakteristisch ist vielmehr eine Koexistenz von supranationalen Organisationen und Nationalstaat, wobei die Grenzen zwischen beiden immer wieder neu ausgehandelt werden.

Professor Dr. Guido Thiemeyer hält den Lehrstuhl für Neuere Geschichte an der Heinrich-Heine-Universität Düsseldorf.

W. Kohlhammer GmbH
70549 Stuttgart

Kohlhammer

Siegfried Müller

Kultur in Deutschland

Vom Kaiserreich bis zur Wiedervereinigung

*2016. 626 Seiten
22 Abb. Kart. € 69,-
ISBN 978-3-17-031844-1*

Diese deutsche Kulturgeschichte entwirft ein großartiges Panorama des kulturellen Lebens zwischen 1870 und der Wiedervereinigung. Darin finden nicht nur die Gipfelleistungen der Hochkultur in Literatur, Musik und Bildender Kunst ihren Platz. In den Blick geraten ebenso die Kultur des Alltags, aber auch die kulturgeschichtlichen Leistungen und Wirkungen der Technik, des Ingenieurskönnens und naturwissenschaftlichen Denkens. Der Autor legt dabei größtes Gewicht auf das eingängige Arrangement seines Stoffes, den er in übersichtliche Kapitel anordnet und äußerst knapp präsentiert. So eröffnet und ermöglicht er einen facettenreichen Rundgang durch die Kulturgeschichte Deutschlands im 20. Jahrhundert, deren wegweisende Etappen zur Orientierung des Lesers mit präziser Prägnanz beleuchtet werden.

Dr. Siegfried Müller ist Historiker und war Leiter der Abteilung Kulturgeschichte im Landesmuseum für Kunst und Kulturgeschichte Oldenburg. Er war Projektleiter für die Neukonzeption des Militärhistorischen Museums der Bundeswehr in Dresden und hat das Konzept für das Knochenhauer-Amtshaus im Roemer-Pelizaeus-Museum in Hildesheim erstellt.

W. Kohlhammer GmbH
70549 Stuttgart

Kohlhammer